预包装食品标签案例解析

上海市质量监督检验技术研究院　编著

中国质检出版社
中国标准出版社
北　京

图书在版编目（CIP）数据

预包装食品标签案例解析 / 上海市质量监督检验技术研究院编著 . —北京：中国质检出版社，2017.1（2023.5 重印）

ISBN 978-7-5026-4338-6

Ⅰ.①预…　Ⅱ.①上…　Ⅲ.①食品包装—标签—案例　Ⅳ.① TS206

中国版本图书馆 CIP 数据核字（2016）第 198910 号

中国质检出版社
中国标准出版社　出版发行

北京市朝阳区和平里西街甲 2 号（100029）

北京市西城区三里河北街 16 号（100045）

网址：www.spc.net.cn

总编室：（010）68533533　发行中心：（010）51780238

读者服务部：（010）68523946

中国标准出版社秦皇岛印刷厂印刷

各地新华书店经销

*

开本 787 × 1092　1/16　印张 17.5　字数 326 千字

2017 年 1 月第一版　　2023 年 5 月第四次印刷

*

定价：56.00 元

编委会

主　编　段文锋

副主编　刘　丁　陈向荣

编　委　戴玉婷　陈欣钦　解　楠　彭亚锋

审　定　张　哲

前　言

2015 年 10 月 1 日，新《中华人民共和国食品安全法》正式实施，这标志着我国食品安全工作迈上了新的高度。食品标签标示承载着产品的重要信息，作为消费者了解产品的第一渠道尤其对食品安全具有重要的意义。目前，根据我国食品安全标准体系，关于标签标示的标准及管理规范主要包括：GB 7718—2011《食品安全国家标准　预包装食品标签通则》及《预包装食品标签通则》（GB 7718—2011）问答（修订版）、GB 28050—2011《食品安全国家标准 预包装食品营养标签通则》、《预包装食品营养标签通则》（GB 28050—2011）问答（修订版）、GB 13432—2013《食品安全国家标准　预包装特殊膳食用食品标签》、《预包装特殊膳食用食品标签》（GB 13432—2013）问答（修订版）、GB 29924—2013《食品安全国家标准　食品添加剂标识通则》等。

本书编者长期从事食品及食品添加剂标签检测工作，接触积累了大量的标签案例。本书主要结合编者的日常工作和新《中华人民共和国食品安全法》、相关的标准、法律法规及管理规范，通过列举案例的方式对预包装食品、食品添加剂标签标示中常见的错误进行了整理，并且根据相关标准的条款进行了错误分析、对照解析，重点帮助食品安全监管人员、生产企业以及消费者理解标准条款的含义，避免出现相同或相似的错误，减少食品标签的瑕疵。另外，本书根据国家食药总局发布的食品生产许可分类目录，对食品及食品添加剂产品标准和标准中对标签标示有特殊要求的情况进行了全面梳理。

本书在编写过程中得到了国家食品安全风险评估中心和上海市食品药品监督管理局相关领导和专家的热心帮助与指导，同时得到了中国标准出版社的大力支持，在此深表感谢。此外，由于编写人员业务水平有限，加上对相关法律法规和标准理解不够，书中内容难免有不妥之处，敬请读者批评指正，更希望与我们进行探讨与交流。

编委会

2016 年 10 月

目　录

第一章　概　述

第一节　食品及食品添加剂标签的基本概念

随着人民生活水平的提高，公众对食品安全的关注程度不断增加，对涉及食品安全的各类信息摄取加大，其中一项就是预包装食品标签。什么是食品标签？GB 7718—2011《食品安全国家标准　预包装食品标签通则》中这样定义：食品标签是预包装食品容器上的文字、图形、符号以及一切说明物。凡在市场上销售的本国生产和进口的预包装食品，都应具有食品标签。

食品标签作为沟通食品生产者、销售者和消费者的一种信息传播手段，能够使消费者通过食品标签标注的内容来识别食品，保护自我安全卫生和指导自己的消费。根据食品标签上提供的专门信息，有关执法管理部门可以据此确认该食品是否符合有关法律、法规的要求，保护广大消费者的健康和利益，维护食品生产者、经销者的合法权益，保障正当竞争的促销手段。

食品营养标签是向消费者提供食品营养信息和特性的说明，也是消费者直观了解食品营养组分、特征的有效方式。2009 年 6 月 1 日起实施的《中华人民共和国食品安全法》第二十条规定“食品安全标准应当包括对与食品安全、营养有关的标签、标识、说明书的要求”，2015 年 10 月 1 日实施的新《中华人民共和国食品安全法》第二十六条“对与卫生、营养等食品安全要求有关的标签、标志、说明书的要求”。GB 28050—2011《食品安全国家标准　预包装食品营养标签通则》2011 年 10 月 12 日发布，并于 2013 年 1 月 1 日开始实施，适用于预先定量包装、直接提供给消费者的食品包装上向消费者提供食品营养信息和特征性的说明，包括营养成分表和营养声称，食品营养标签是预包装食品标签的一部分。强制标示营养标签的目的是为了帮助消费者了解食品营养特点，提供选购食品指南，了解膳食平衡参考以及营养健康知识的来源，更好地引导企业生产更多符合营养要求的食品。

特殊膳食用食品指为满足特殊的身体或生理状况和（或）满足疾病、紊乱等状态下的特殊膳食需求，专门加工或配方的食品。这类食品的营养素和（或）其他营养成分的含量与可类比的普通食品有显著不同。

特殊膳食用食品的类别主要包括：

1）婴幼儿配方食品：a）婴儿配方食品；b）较大婴儿和幼儿配方食品；c）特殊医学用途婴儿配方食品；

2）婴幼儿辅助食品：a）婴幼儿谷类辅助食品；b）婴幼儿罐装辅助食品；

3）特殊医学用途配方食品（特殊医学用途婴儿配方食品涉及的品种除外）；

4）除上述类别外的其他特殊膳食用食品（包括辅食营养补充品、运动营养食品，以及其他具有相应国家标准的特殊膳食用食品）。

食品添加剂指为改善食品品质和色、香、味以及为防腐、保鲜和加工工艺的需要而加入食品中的人工合成或者天然物质。食品添加剂具有以下3个特征：一是为加入到食品中的物质一般不单独作为食品来食用；二是既包括人工合成的物质，也包括天然物质；三是加入到食品中的目的是为改善食品品质和色、香、味以及防腐、保鲜和加工工艺的需要。食品添加剂可以分为单一品种食品添加剂、复配食品添加剂和食品用香精香料等。新《中华人民共和国食品安全法》第七十条规定：食品添加剂应当有标签、说明书和包装；标签、说明书应当载明本法第六十七条（食品标签的说明）第一款第一项至第六项、第八项、第九项规定的事项，以及食品添加剂的使用范围、用量、使用方法，并在标签上载明“食品添加剂”字样。第七十一条规定：食品和食品添加剂的标签、说明书，不得含有虚假内容，不得涉及疾病预防、治疗功能；生产经营者对其提供的标签、说明书的内容负责；食品和食品添加剂的标签、说明书应当清楚、明显，生产日期、保质期等事项应当显著标注，容易辨识。食品和食品添加剂与其标签、说明书的内容不符的，不得上市销售。

新《中华人民共和国食品安全法》第一百二十五条规定：违反本法规定，有下列情形之一的，由县级以上人民政府食品药品监督管理部门没收违法所得和违法生产经营的食品、食品添加剂，并可以没收用于违法生产经营的工具、设备、原料等物品；违法生产经营的食品、食品添加剂货值金额不足一万元的，并处五千元以上五万元以下罚款；货值金额一万元以上的，并处货值金额五倍以上十倍以下罚款；情节严重的，责令停产停业，直至吊销许可证：（一）生产经营被包装材料、容器、运输工具等污染的食品、食品添加剂；（二）生产经营无标签的预包装食品、食品添加剂或者标签、说明书不符合本法规定的食品、食品添加剂；（三）生产经营转基因食品未按规定进行标示；（四）食品生产经营者采购或者使用不符合食品安全标准的食品原料、食品添加剂、食品相关产品。生产经营的食品、食品添加剂的标签、说明书存在瑕疵但不影响食品安全且不会对消费者造成误导的，由县级以上人民政府食品药品监督管理部门责令改正；拒不改正的，处二千元以下罚款。

国家食品药品监督管理总局关于贯彻落实《食品召回管理办法》的实施意见第一条第一款规定：食品的标签、标志或者说明书不符合食品安全国家标准的，也应当依法实施召回，对标签、标志或者说明书存在瑕疵，但不存在虚假内容、不会误导消费者或者不会造成健康损害的食品，食品生产者应当改正，可以自愿召回。

第二节　我国食品及食品添加剂标签主要技术法规和标准

目前，我国与食品及食品添加剂标签相关的技术法规、相关食品安全国家标准主要有：GB 7718—2011《食品安全国家标准　预包装食品标签通则》、《预包装食品标签通则》（GB 7718—2011）问答（修订版），GB 28050—2011《食品安全国家标准　预包装食品营养标签通则》、《预包装食品营养标签通则》（GB 28050—2011）问答（修订版），GB 13432—2013《食品安全国家标准　预包装特殊膳食用食品标签通则》、《预包装特殊膳食用食品标签》（GB 13432—2013）问答（修订版）、GB 29924—2013《食品安全国家标准　食品添加剂标识通则》。

2009年6月开始实施的《中华人民共和国食品安全法》第二十条规定“食品安全标准应当包括对与食品安全、营养有关的标签、标识、说明书的要求”，第四十二条规定了预包装食品标签应当标明的内容，GB 7718—2011《食品安全国家标准　预包装食品标签通则》基于此环境下修改颁布，已于2012年4月20日实施。GB 7718—2011《食品安全国家标准　预包装食品标签通则》由中华人民共和国卫生部组织修订并发布，并纳入国家食品安全标准范围。此次修订遵循《中华人民共和国食品安全法》对食品标签的相关规定，以GB 7718—2004《预包装食品标签通则》为基础，增补和修改相关内容，增加了资料性附录。GB 7718—2011《食品安全国家标准　预包装食品标签通则》扩大了适用范围，涵盖了直接提供给消费者和非直接提供给消费者的两类预包装食品，明确不适用储运包装、散装食品和现制现售食品的标识。

新《中华人民共和国食品安全法》对预包装食品标签延续2009年6月实施的《中华人民共和国食品安全法》要求，其中第六十七条规定：预包装食品的包装上应当有标签。标签应当标明下列事项：（一）名称、规格、净含量、生产日期；（二）成分或者配料表；（三）生产者的名称、地址、联系方式；（四）保质期；

（五）产品标准代号；（六）贮存条件；（七）所使用的食品添加剂在国家标准中的通用名称；（八）生产许可证编号；（九）法律、法规或者食品安全标准规定必须标明的其他事项。专供婴幼儿和其他特定人群的主辅食品，其标签还应当标明主要营养成分及其含量。食品安全国家标准对标签标注事项另有规定的，从其规定。

GB 28050—2011《食品安全国家标准　预包装食品营养标签通则》的前身是2007年由卫生部组织牵头制定的《食品营养标签管理规范》，于2008年5月1日正式实施，自2013年1月1日起被GB 28050—2011《食品安全国家标准　预包装食品营养标签通则》替代。《食品营养标签管理规范》是我国第一部和食品营养标示有关的法律法规，当时考虑到我国的基本国情，只是推荐实施，并没有强制执行，其中规定当食品标签上标示营养成分、营养声称、营养成分功能声称时，应标示能量和蛋白质、脂肪、碳水化合物、钠4种核心营养素的含量。规定了食品营养成分标示的准则——包括营养成分的表达方式、标示顺序、修约间隔、“0”数值，并建议了核心和重要营养成分的测定方法，发布了中国食品标签营养素参考值，提出了营养声称和营养成分功能声称的概念和准则。

GB 28050—2011《食品安全国家标准　预包装食品营养标签通则》适用于直接提供给消费者的普通预包装食品的营养标签。GB 7718—2011《食品安全国家标准　预包装食品标签通则》中首次提出“非直接提供给消费者的预包装食品”的概念，即提供给餐饮企业或其他食品企业进行再加工的半成品或食品原料，非直接提供给消费者的预包装食品的营养成分，可以参照此标准执行，但不强制标示在标签上。

GB 13432—2013《食品安全国家标准　预包装特殊膳食用食品标签》于2013年12月26日发布并于2015年7月1日实施，前身为GB 13432—2004《预包装特殊膳食用食品标签通则》。新标准修改了特殊膳食用食品的定义，明确了其包含的食品类别和适用范围；确定能量和营养成分的含量应以每100g（克）和（或）每100mL（毫升）和（或）每份食品可食部中的具体数值来标示；对能量和营养成分的含量声称和功能声称也有了要求。

GB 29924—2013《食品安全国家标准　食品添加剂标识通则》于2013年11月29日发布，并于2015年6月1日正式实施。在此之前，我国对食品添加剂标识并没有相应的标准，只参照国家质量监督检验检疫总局《食品添加剂生产监督管理规定》（总局令第127号），其中第三十八条规定：食品添加剂应当有标签、说明书，并在标签上载明“食品添加剂”字样。标签、说明书，应当标明下列事项：（一）食品添加剂产品名称、规格和净含量；（二）生产者名称、地址和联系方式；（三）成分或者配料表；（四）生产日期、保质期限或安全使用期限；（五）贮存条件；（六）产品标准代号；（七）生产许可证编号；（八）食品安全标准规定的和国务院卫生行政部门公告批准的使用范围、使用量和使用方法；（九）法律法规或者相关标准规定必须标注的其他事项。但对具体的标示方法没有明确的标准规定，GB 29924—2013《食品安全国家标准　食品添加剂标识通则》的发布和实施填补了食品添加剂标识系统要求的空白。GB 29924—2013《食品安全国家标准　食品添加剂标识通则》适用于食品添加剂的标识，食品营养强化剂的标识参照本标准使用，不适用于为食品添加剂在储藏运输过程中提供保护的储运包装标签的标识。食品添加剂标签指食品添加剂包装上的文字、图形、符号等一切说明。说明书指销售食品添加剂产品时所提供的除标签以外的说明材料。GB 29924—2013《食品安全国家标准　食品添加剂标识通则》是对食品添加剂的标签和说明书的规范，其中明确要求食品添加剂要在标签上标明“食品添加剂”字样，食品用香精香料应明确标示“食品用香精”字样。对食品添加剂的名称、成分或配料表、使用范围、用量和使用方法、日期标示、贮存条件、净含量和规格、制造者或经销者的名称和地址、产品标准代号、生产许可证编号、警示标识、辐照食品添加剂的标示等作出了明确的要求。

第三节　我国预包装食品标签的现行状况

编者对大量的预包装食品样本进行了调查和分析，选取全国市面销售的 120 批次预包装食品，涉及糕点、肉制品、饮料、粮食等 20 余类常见的加工食品，根据相关标准进行标签检测，其中共出现 56 次各类标签标示问题，各类问题出现的频率见图 1-1。

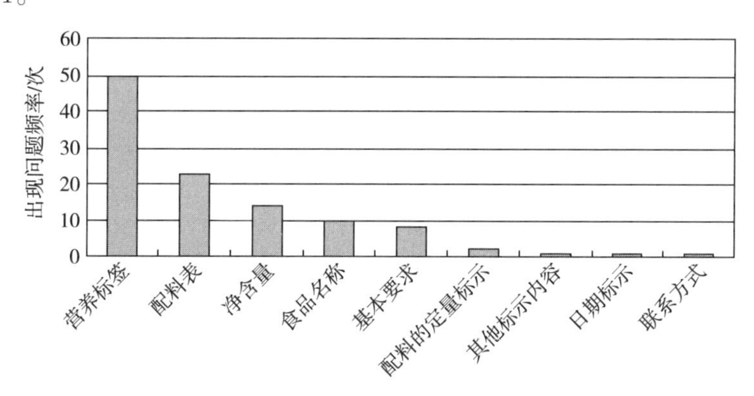

图 1-1　标签标示错误问题分布

由图 1-1 可以看出，预包装食品标签标示问题主要集中在营养标签、配料表、净含量等方面。

其中，营养标签共出现 50 次标示不规范问题，各类问题出现的频率见图 1-2。

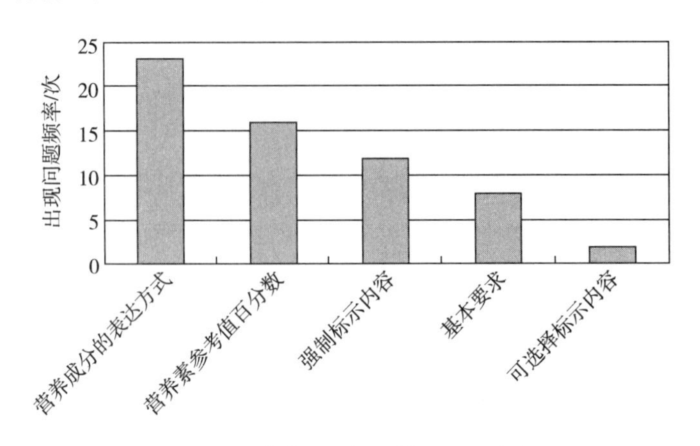

图 1-2 营养标签标示错误问题分布

由图 1-2 可以看出，营养标签标示问题主要集中在营养成分的表达方式和营养素参考值百分数等方面。大部分生产企业属于首次开展营养成分的标示，对产品本身及各种原料中营养成分的把控和经验不足，可能会导致营养成分标示不准确。这种不准确性一方面可能体现在内容、格式标注的不规范上；另一方面也体现在实物成分与标注成分的符合程度不高，数据不够准确上；三是营养声称作为营养标签的一部分，部分产品容易与保健品声称相混淆，存在一些过度声称或声称混乱现象。

第二章　预包装标签中常见问题分析

第一节　预包装食品标签错误案例分析

一、基本要求

示例 1

咖啡豆 净含量：200 克		
配料	咖啡豆	
生产日期	2015.12.23	生产许可
保质期	18 个月	
标准号	Q/××××1S	
许可证	QS××××2101××××	
贮存条件	避免阳光直射，开封后请密封保存于阴凉干燥环境	
生产商名称	上海 ×××× 食品有限公司	
地址	闵行区 ×× 路 ××× 号 × 幢 × 楼	
服务电话	400×××××××	
给您带来最佳的咖啡选择		

【错误分析】

该标签不符合相关法律、法规的规定，不符合 GB 7718—2011《食品安全国家标准　预包装食品标签通则》3.1 的规定。

《中华人民共和国广告法》第二条规定：“在中华人民共和国境内，商品经营者或者服务提供者通过一定媒介和形式直接或者间接地介绍自己所推销的商品或者服务的商业广告活动，适用本法。”《中华人民共和国广告法》第九条规定：广告不得有下列情形：（三）使用“国家级”“最高级”“最佳”等用语。

该标签中介绍产品的话语“给您带来最佳的咖啡选择”属于广告用语，“最佳”属于不符合相关法律、法规的规定。

示例 2

品名	草本清凉牛奶硬糖
净含量	31 克
配料	葡萄糖浆、白砂糖、稀奶油、食品添加剂（磷脂、二氧化钛、柠檬黄、亮蓝）、麦芽糊精、库拉索芦荟凝胶、食用香精、食盐
食品生产许可证	QS31××1301××××
产品标准代号	SB/T 10018
产地	上海市
生产日期	2016 年 1 月 1 日
保质期	18 个月
贮存条件	请置于干燥阴凉处，避免阳光直射
生产商	上海××食品有限公司
地址	上海市××区××镇××路××号
联系方式	021-××××××××

营养成分表

项目	每份（31 克）	营养素参考值 %
能量	560 千焦	7%
蛋白质	0 克	0%
脂肪	2.6 克	4%
碳水化合物	27.3 克	9%
钠	41 毫克	2%

【错误分析】

该标签不符合相关法律、法规的规定，不符合 GB 7718—2011《食品安全国家标准　预包装食品标签通则》3.1 的规定。

卫生部公告 2009 年第 1 号《库拉索芦荟凝胶食品标识》（二）规定：添加库拉索芦荟凝胶的食品必须标注“本品添加芦荟，孕妇与婴幼儿慎用”字样，并应当在配料表中标注“库拉索芦荟凝胶”；（四）规定：“企业应在企业标准中对添加库拉索芦荟凝胶的食品的每日食用量作出规定。若无法确保消费者芦荟日摄入量在安全范围内，应在包装上标注每日食用量警示语。”

该标签产品配料中有“库拉索芦荟凝胶”，未标示“本品添加芦荟，孕妇与婴幼儿慎用”和每日食用量警示语。

示例 3

能量型运动饮料		生产许可
配料	水、白砂糖、葡萄糖、柠檬酸、食用香精、二氧化碳、柠檬酸钠、人参粉（人工种植 5 年以下）、咖啡浓缩粉、山梨酸钾、三氯蔗糖、食用盐	
净含量	330 毫升	
保质期	24 个月	
贮存条件	常温阴凉干燥处	
产品标准号	Q/× × × ×	
生产日期	2015 年 12 月 19 日	
生产商	上海市 × × 饮料有限公司	
地址	上海市 × × 路 × × 号	
电话	021-× × × × × × × ×	
传真	021-× × × × × × × ×	
生产许可证	QS3115 0601 × × × ×	

营养成分表

项目	每 100 克	营养素参考值 %
能量	134 千焦	2%
蛋白质	0 克	0%
脂肪	0 克	0%
碳水化合物	7.1 克	2%
钠	80 毫克	4%

【错误分析】

该标签不符合相关法律、法规的规定，不符合 GB 7718—2011《食品安全国家标准　预包装食品标签通则》3.1 的规定。

卫生部公告 2012 年第 17 号《关于批准人参（人工种植）为新资源食品的公告》“其他需要说明的情况”规定：孕妇、哺乳期妇女及 14 周岁以下儿童不宜食用，标签、说明书中应当标注不适宜人群和食用限量。

该标签产品配料中“人参粉（人工种植 5 年以下）”属于新资源食品，未按

照相应法律、法规在标签上标注不适宜人群和食用限量。

示例 4

名称	速冻虾仁　生制品　调味水产制品
配料	虾仁、食用盐
净含量	300 克
保质期	24 个月
消费者服务电话	400-×××-××××
生产日期	2015.12.28
产品标准号	SB/T 10379
食品生产许可证编号	QS31××1101××××
上海市××××食品有限公司生产	
上海市××区××路××号	
贮存条件	−18℃以下冷冻保存

营养成分表

项目	每 100g	营养素参考值 %
能量	330 千焦（kJ）	4%
蛋白质	15.8 克（g）	26%
脂肪	0.6 克（g）	1%
碳水化合物	1.3 克（g）	0%
钠	310 毫克（mg）	16%

生产许可

【错误分析】

该标签标示不清晰，不符合 GB 7718—2011《食品安全国家标准　预包装食品标签通则》3.2 的规定。

GB 7718—2011《食品安全国家标准　预包装食品标签通则》3.2 规定：应清晰、醒目、持久，应使消费者购买时易于辨认和识读。

该标签产品是速冻水产品，可能由于冷冻、运输、印刷质量等原因使标签的内容不够清晰，不能使消费者易于辨认和识读，不符合 GB 7718—2011《食品安全国家标准　预包装食品标签通则》3.2 的规定。

示例 5

品名	青苹果味橡皮糖
净含量	45 克
配料	麦芽糖、白砂糖、食品添加剂（明胶、山梨糖醇、柠檬酸、柠檬酸钠、果胶、胭脂红、亮蓝）、食用香精
食品生产许可证号	QS31××1301××××
产品标准代号	SB/T 10021
产地	上海市
生产日期	2016 年 1 月 1 日
保质期	18 个月
贮存条件	请置于干燥阴凉处，避免阳光直射
生产商	上海 ×× 食品有限公司
地址	上海市 ×× 区 ×× 镇 ×× 路 ×× 号
联系方式	021-××××××××

营养成分表

项目	每 100 克	营养素参考值 %
能量	1324 千焦	16%
蛋白质	5.3 克	9%
脂肪	0 克	0%
碳水化合物	72.6 克	24%
钠	10 毫克	1%

【错误分析】

该标签含有使消费者误解或欺骗性的图形介绍食品，不符合 GB 7718—2011《食品安全国家标准　预包装食品标签通则》3.4 的规定。

《预包装食品标签通则》（GB 7718—2011）问答（修订版）十一“如果产品中没有添加某种食品配料，仅添加了相关风味的香精香料，是否允许在标签上标示该种食品实物图案?”的解释为：标签标示内容应真实准确，不得使用易使消费者误解或具有欺骗性的文字、图形等方式介绍食品。当使用的图形或文字可能使消费者误解时，应用清晰醒目的文字加以说明。

该标签产品配料中没有添加和苹果相关的食品配料，只有食用香精，但使用了青苹果的图案介绍食品，可能使消费者误解，如要使用青苹果的图案，应用清晰醒目的文字加以说明，如“图片仅作口味提示”“图案仅供参考”等。

示例 6

果粒茶 净含量：190 克		
配料	白砂糖、葡萄、玫瑰茄、蓝莓、菊花、绿茶	
生产日期	2015.12.30	
保质期	18 个月	
贮存条件	于阴凉干燥通风处	
生产商名称	上海 ×××× 食品有限公司	
地址	上海 ×× 路 ××× 号 × 幢 × 楼	生产许可
电话	400×××××××	
执行标准	Q/EB×××××××	
生产许可证号	QS××××1401××××	

【错误分析】

该标签信息不真实、准确（食品生产许可证编号与产品真实属性不符），不符合 GB 7718—2011《食品安全国家标准　预包装食品标签通则》3.4 和 3.5 的规定。

GB 7718—2011《食品安全国家标准　预包装食品标签通则》3.4 规定：应真实、准确，不得以虚假、夸大、使消费者误解或欺骗性的文字、图形等方式介绍食品，也不得利用字号大小或色差误导消费者。3.5 规定：不应直接或以暗示性的语言、图形、符号，误导消费者将购买的食品或食品的某一性质与另一产品混淆。

该标签生产许可证号中间四位“1401”代表产品属性为茶叶，而根据该标签产品的配料等反应产品的真实属性为含茶制品。该标签有混淆产品真实属性之嫌，标示信息不真实、准确。

示例 7

食品名称	红糖姜茶（固体饮料）	生产许可
净含量	120 克（12 克 ×10 包）	
保质期	18 个月	
贮存条件	清洁干燥通风处	
产品标准号	Q/KEF××××	
生产日期	2015 年 11 月 28 日	
配料表	红糖、生姜	
生产商	上海 ××× 食品有限公司	
地址	上海市浦东新区 ×× 镇 ×× 路 ×× 号 × 幢 × 楼	
食品产地	上海浦东新区	
电话	021-××××××××	
生产许可证	QS3115 0601 ××××	
产品介绍	本产品微温、辛、温经散寒通神明，味甘性温，补中益气，暖身暖心	

营养成分表

项目	每 100 克	营养素参考值 %
能量	1693 千焦	20%
蛋白质	0 克	0%
脂肪	0 克	0%
碳水化合物	98.4 克	33%
钠	63 毫克	3%

【错误分析】

该标签标注有预防、治疗疾病作用，暗示具有保健作用的内容，不符合 GB 7718—2011《食品安全国家标准　预包装食品标签通则》3.6 的规定。

GB 7718—2011《食品安全国家标准　预包装食品标签通则》3.6 规定：不应标注或者暗示具有预防、治疗疾病作用的内容，非保健食品不得明示或暗示具有保健作用。

该标签产品介绍中的语言“本产品微温、辛、温经散寒通神明，味甘性温，补中益气，暖身暖心”属于具有预防、治疗疾病和暗示保健作用的内容，不符合 GB 7718—2011《食品安全国家标准　预包装食品标签通则》3.6 的规定。

示例 8

烏龍茶　　净含量：100 克	
配料	乌龙茶
生产日期	2015.11.13
保质期	18 个月
原产地	台湾
贮存条件	避免阳光直射，开封后请密封保存于阴凉干燥环境
经销商名称	上海 ×××× 食品有限公司
地址	闵行区 ×× 路 ××× 号 × 幢 × 楼
大陆地区服务电话	400×××××××

【错误分析】

该标签未使用规范的汉字（烏龍），不符合 GB 7718—2011《食品安全国家标准　预包装食品标签通则》3.8 的规定。

《预包装食品标签通则》（GB 7718—2011）问答（修订版）十二“关于标签中使用繁体字”的解释是：本标准规定食品标签使用规范的汉字，但不包括商标。“规范的汉字”指《通用规范汉字表》中的汉字，不包括繁体字。食品标签可以在使用规范汉字的同时，使用相对应的繁体字。

该标签中产品名称“烏龍”两个字都使用了繁体字，且没有使用相对应的规范汉字，不符合 GB 7718—2011《食品安全国家标准　预包装食品标签通则》3.8 的规定。

示例 9

Long Jing Cha 龙　井　茶　　净含量：100 克		
配料	龙井茶	
生产日期	2016.1.21	
保质期	18 个月	
产品标准代号	GB/T 18650—2008	
贮存条件	避免阳光直射，开封后请密封保存于阴凉干燥环境	
分装商名称	上海 ×××× 食品有限公司	
地址	闵行区 ×× 路 ××× 号 × 幢 × 楼	QS 生产许可
电话	400×××××××	
生产许可证号	QS××××1401××××	

【错误分析】

该标签拼音大于相应汉字，不符合 GB 7718—2011《食品安全国家标准　预包装食品标签通则》3.8.1 的规定。

GB 7718—2011《食品安全国家标准　预包装食品标签通则》3.8.1 规定：可以同时使用拼音或少数民族文字，拼音不得大于相应汉字。

该标签产品名称同时使用了拼音，但拼音的字号大于相应汉字。

示例 10

焙炒咖啡豆 *coffee* 净含量：454 克		
配料	咖啡豆	
生产日期	2015.11.27	生产许可
保质期	18 个月	
质量等级	一级	
标准号	Q/××××1S	
许可证	QS×××× 2101××××	
贮存条件	避免阳光直射，开封后请密封保存于阴凉干燥环境	
生产商名称	上海 ×××× 食品有限公司	
地址	闵行区 ×× 路 ××× 号 × 幢 × 楼	
服务电话	400×××××××	

【错误分析】

该标签外文大于相应的汉字，不符合 GB 7718—2011《食品安全国家标准　预包装食品标签通则》3.8.2 的规定。

GB 7718—2011《食品安全国家标准　预包装食品标签通则》3.8.2 规定：可以同时使用外文，但应与中文有对应关系（商标、进口食品的制造者和地址、国外经销者的名称和地址、网址除外）。所有外文不得大于相应的汉字（商标除外）。GB 7718—2011《食品安全国家标准　预包装食品标签通则》问答（修订版）十四“关于标签的中文、外文对应关系”的解释是：预包装食品标签可同时使用外文，但所用外文字号不得大于相应的汉字字号。对于本标准以及其他法律、法规、食品安全标准要求的强制标识内容，中文、外文应用对应的关系。

该标签中产品名称外文“coffee”字号大于相应的汉字“焙炒咖啡豆”的字号。

示例 11

<table>
<tr><td colspan="3">草本茶　净含量：190 克</td></tr>
<tr><td>配料</td><td colspan="2">白砂糖、苹果、柠檬、葡萄、菊花、甘草、绿茶</td></tr>
<tr><td>生产日期</td><td colspan="2">2015.12.30</td></tr>
<tr><td>保质期</td><td colspan="2">18 个月</td></tr>
<tr><td>贮存条件</td><td colspan="2">于阴凉干燥通风处</td></tr>
<tr><td>生产商名称</td><td colspan="2">上海 ×××× 食品有限公司</td></tr>
<tr><td>地址</td><td>上海 ×× 路 ××× 号 × 幢 × 楼</td><td rowspan="4">生产许可</td></tr>
<tr><td>电话</td><td>400×××××××</td></tr>
<tr><td>执行标准</td><td>Q/EB×××××××</td></tr>
<tr><td>生产许可证号</td><td>QS××××1402××××</td></tr>
</table>

【错误分析】

该标签强制标示内容的文字、符号、数字的高度小于 1.8mm，不符合 GB 7718—2011《食品安全国家标准　预包装食品标签通则》3.9 的规定。

GB 7718—2011《食品安全国家标准　预包装食品标签通则》3.9 规定：预包装食品包装物或包装容器最大表面面积大于 $35cm^2$ 时（最大表面面积计算方法见附录 A），强制标示内容的文字、符号、数字的高度不得小于 1.8mm。《预包装食品标签通则》（GB 7718—2011）问答（修订版）十六“强制标示内容既有中文又有字母字符时，如何判断字体高度是否满足大于等于 1.8mm 字高要求?”的解释为：中文字高应大于等于 1.8mm，kg、mL 等单位或其他强制标示字符应按其中的大写字母或“k、f、l”等小写字母判断是否大于等于 1.8mm。《预包装食品标签通则》（GB 7718—2011）问答（修订版）十五“关于最大表面面积大于 $10cm^2$ 但小于等于 $35cm^2$ 时的标示要求”的解释为：食品标签应当按照本标准要求标示所有强制性内容。根据标签面积具体情况，标签内容中的文字、符号、数字的高度可以小于 1.8mm，应当清晰，易于辨认。

该标签产品的包装容器最大表面面积大于 $35cm^2$，强制标示内容的文字、符号、数字的高度不得小于 1.8mm。

示例 12

食品名称	钙强化固体饮料大礼盒　　内赠独立包装燕麦片 100 克
食品类型	风味固体饮料
净含量	200 克 +100 克（赠品）
产品标准	GB/T 29602
配料表	葡萄糖、乳矿物盐（10%）、全脂奶粉、低聚果糖、菊粉（2%）
食用方法	将 10 克产品倒入杯中，加入 120~150ml 的热水，搅拌均匀后饮用
菊粉 / 乳矿物盐	
生产日期	2015-12-10
保质期	18 个月
贮存条件	请放在避光、阴凉干燥处保存
生产者名称	上海市 ×× 食品有限公司
地址	上海市 ×× 区 ×× 路 ×× 号
食品生产许可证	QS31××0601××××
联系方式	021-××××××××

营养成分表

项目	每 100 克	营养素参考值 %
能量	1450kJ	17%
蛋白质	3.3g	6%
脂肪	3.3g	6%
碳水化合物	72.0g	24%
膳食纤维	3.9g	16%
钠	140mg	7%
钙	2000mg	250%

【错误分析】

该标签未标示“赠品燕麦”所有强制标示内容，不符合 GB 7718—2011《食品安全国家标准　预包装食品标签通则》3.10 和 3.11 的规定。

GB 7718—2011《食品安全国家标准　预包装食品标签通则》3.10 规定：一个销售单元的包装中含有不同品种、多个独立包装可单独销售的食品，每件独立包装的食品标识应当分别标注。3.11 规定：若外包装易于开启识别或透过外包装物能清晰地识别内包装物（容器）上的所有强制标示内容或部分强制标示内容，可不在外包装物上重复标示相应的内容；否则应在外包装物上按要求标示所有强制标示内容。

《预包装食品标签通则》（GB 7718—2011）问答（修订版）十七“销售单元包含若干可独立销售的预包装食品时，直接向消费者交付的外包装（或大包装）标签标示要求”的解释为：该销售单元内的独立包装食品应分别标示强制标示内容。外包装（或大包装）的标签标示分为两种情况：一是外包装（或大包装）上同时按照本标准要求标示。如果该销售单元内的多件食品为不同品种时，应在外包装上标示每个品种食品的所有强制标示内容，可将共有信息统一标示。二是若外包装（或大包装）易于开启识别，或透过外包装（或大包装）能清晰识别内包装物（或容器）的所有或部分强制标示内容，可不在外包装（或大包装）上重复标示相应的内容。另外，特别要注意生产日期的标示，根据《预包装食品标准通则》（GB 7718—2011）问答（修订版）十八“销售单元包含若干标示了生产日期及保质期的独立包装食品时，外包装上的生产日期和保质期如何标示”的解释，可以选择以下三种方式之一标示：一是生产日期标示最早生产的单件食品的生产日期，保质期按最早到期的单件食品的保质期标示；二是生产日期标示外包装形成销售单元的日期，保质期按最早到期的单件食品的保质期标示；三是在外包装上分别标示各单件食品的生产日期和保质期。

该标签产品的赠品燕麦片是可独立销售的预包装食品，应根据情况按照上述分析标示所有强制标示内容（包括营养成分表）。

二、食品名称

示例 13

要动不冻	净含量：225 克	
配料	纯净水、甜味剂（965i）、水分保持剂（340ii）、乳化剂（471）、抗结剂（551）、海藻糖、白砂糖、增稠剂（407）、食用香料	
产品标准代号	GB19883	
生产许可证号	QS×××× 1302 ××××	
温馨提示	勿一口吞食；三岁以下儿童不宜食用，老人、儿童须监护下食用	
保质期	12 个月	生产许可
生产日期	2015.12.21	
贮存条件	冷冻贮存	
生产者	××食品有限公司	
生产地址	××省××市××路××号	
联系电话	××××—×××××××××	

营养成分表

项目	每 100 克	营养素参考值 %
能量	334 千焦	4%
蛋白质	4.6 克	8%
脂肪	1.2 克	2%
碳水化合物	12.3 克	4%
钠	20 毫克	1%

【错误分析】

该标签未在食品标签的醒目位置标示反映食品真实属性的专用名称，不符合 GB 7718—2011《食品安全国家标准　预包装食品标签通则》4.1.2.1 的规定。

GB 7718—2011《食品安全国家标准　预包装食品标签通则》4.1.2.1 规定：应在食品标签的醒目位置，清晰地标示反映食品真实属性的专用名称。

该标签名称“要动不冻”不能反映产品的真实属性，通过产品执行标准和生产许可证号中间四位得出此产品的真实属性为果冻，应在食品标签的醒目位置清晰地标示反映食品真实属性的专用名称（果冻）。GB 19883—2005《果冻》8.1.2 规定：标签应按 4.2 条的规定标示分类名称（果味型、果汁型、果肉型、含乳型、其他型）。因此，该标签可选择一起标示真实属性专用名称和分类名称，如“要动不冻（其他型果冻）”。

示例 14

品名	柚子蜂蜜蛋糕（热加工）
净含量	90 克
配料	黄油、白砂糖、鸡蛋、小麦粉、柚子、食品添加剂（焦磷酸二氢二钠、碳酸氢钠、磷酸二氢钙、碳酸钙）
食品生产许可证	QS3120 2401 ××××
产品标准代码	GB/T 20977
产地	上海市奉贤区
生产日期	2015 年 12 月 22 日
保质期	45 天
贮存条件	请置于干燥凉爽处、避免阳光直射。开袋后请即食用，以免受潮
生产商	上海 ×× 食品有限公司
地址	上海市奉贤区 ×× 镇 ×× 路 ×× 号
联系方式	021-××××××××

营养成分表

项目	每 100 克	营养素参考值 %
能量	1696 千焦	20%
蛋白质	4.5 克	8%
脂肪	24.6 克	41%
—反式脂肪酸	0 克	
碳水化合物	40.6 克	14%
钠	49 毫克	2%

【错误分析】

该标签产品名称与配料表不符，不符合 GB 7718—2011《食品安全国家标

准　预包装食品标签通则》4.1.2.1 或 4.1.3.1 的规定。

GB 7718—2011《食品安全国家标准　预包装食品标签通则》4.1.2.1 规定：应在食品标签的醒目位置，清晰地标示反映食品真实属性的专用名称。4.1.3.1 规定：预包装食品的标签上应标示配料表，配料表中的各种配料应按 4.1.2 的要求标示具体名称，食品添加剂按照 4.1.3.1.4 的要求标示名称。

该标签中产品名称为"柚子蜂蜜蛋糕"，而配料中没有"蜂蜜"。如生产过程中没有添加"蜂蜜"，属于产品名称误导消费者，不符合 GB 7718—2011《食品安全国家标准　预包装食品标签通则》4.1.2.1 的规定；如生产过程中添加了"蜂蜜"，属于未将各种配料按制造或加工食品时加入量的递减顺序一一排列，不符合 GB 7718—2011《食品安全国家标准　预包装食品标签通则》4.1.3.1 的规定。

示例 15

品名	奶油话梅
净含量	110 克
配料	青梅、白砂糖、食用盐、食品添加剂（甜蜜素、安赛蜜、甜菊糖苷、胭脂红、柠檬黄、日落黄、食用香精）
生产许可证号	QS3120 1701 ××××
产品标准代码	GB/T 10782
生产日期	2016 年 2 月 22 日
保质期	12 个月
贮存条件	请置于干燥阴凉处，避免阳光直射
生产商	上海 ×× 食品有限公司
地址	上海市 ××× 路 ×× 号
联系方式	021-××××××××

营养成分表

项目	每 100 克	营养素参考值 %
能量	712 千焦	8%
蛋白质	3.0 克	5%
脂肪	1.7 克	3%
碳水化合物	35.2 克	12%
钠	13440 毫克	672%

【错误分析】

该标签产品名称与配料表不符，不符合 GB 7718—2011《食品安全国家标准　预包装食品标签通则》4.1.2.1 或 4.1.3.1 的规定。

同示例 14 分析，该标签产品名称为“奶油话梅”，而配料中无“奶油”等相关配料，只有“食用香精”。如生产过程中未添加“奶油”等相关配料，属于产品名称误导消费者，不符合 GB 7718－2011《食品安全国家标准　预包装食品标签通则》4.1.2.1 的规定，产品名称可改为“奶油味话梅”等；如生产过程中添加了“奶油”等相关配料，应将其在配料中按照递减顺序标明。

示例 16

食品名称	甘蔗汁
配料表	水、甘蔗原汁（10%）、白砂糖
净含量	310ml
经销商名称	上海 ×× 食品有限公司
地址	上海市 ×× 区 ×× 路 × 号
电话（传真）	021-×××××（××××）
生产日期	见罐底
保质期	见罐底
原产地	台湾地区
贮存条件	常温，置于阴凉干燥处
产品类型	果汁饮料

营养成分表

项目	每 100 毫升	营养素参考值 %
能量	230 千焦	3%
蛋白质	0 克	0%
脂肪	0 克	0%
碳水化合物	13.5 克	5%
钠	12 毫克	1%

【错误分析】

该标签产品名称不能反映产品真实属性，不符合 GB 7718—2011《食品安全国家标准　预包装食品标签通则》4.1.2.1 的规定。

GB 7718—2011《食品安全国家标准　预包装食品标签通则》4.1.2.1 规定：应在食品标签的醒目位置，清晰地标示反映食品真实属性的专用名称。

该标签产品配料为“水、水果原汁和糖”，产品的真实属性为果汁饮料，产品名称应标为“甘蔗汁饮料”。根据 GB/T 31121—2014《果蔬汁类及其饮料》，果蔬汁（浆）要求果汁（浆）或蔬菜汁（浆）含量（质量分数）为 100%，而果汁饮料或复合果蔬汁（浆）饮料中果汁（浆）或蔬菜汁（浆）含量（质量分数）≥ 10%，蔬菜汁饮料中蔬菜汁（浆）含量（质量分数）≥ 5%。根据产品的属性，示例中的产品应为果汁饮料（甘蔗汁饮料），而产品名称标示果汁（甘蔗汁）有误导消费者的嫌疑。

示例 17

欢乐橙汁　　橙汁含量≥10%		生产许可
配料	水、橙汁、白砂糖、食品添加剂（柠檬酸钠、柠檬酸、苹果酸）	
净含量	250 毫升	
保质期	十二个月	
贮存条件	避免阳光直晒及高温	
产品标准号	GB/T 21731	
生产日期	2015 年 12 月 19 日	
生产商	上海市 ×× 饮料有限公司	
地址	上海市 ×× 路 ×× 号	
电话	021-××××××××	
传真	021-××××××××	
生产许可证	QS3115 0601 ××××	

营养成分表

项目	每 100 克	营养素参考值 %
能量	204 千焦	2%
蛋白质	0 克	0%
脂肪	0 克	0%
碳水化合物	12.0 克	4%
钠	18 毫克	1%

橙汁饮料

【错误分析】

该标签未在所示名称的同一展示版面邻近部位使用同一字号标示食品真实属性的专用名称，不符合 GB 7718—2011《食品安全国家标准　预包装食品标签通则》4.1.2.2.1 的规定。

GB 7718—2011《食品安全国家标准　预包装食品标签通则》4.1.2.2.1 规定：当“新创名称”、“奇特名称”、“音译名称”、“牌号名称”、“地区俚语名称”或“商标名称”含有易使人误解食品属性的文字或术语（词语）时，应在所示名称的同一展示版面邻近部位使用同一字号标示食品真实属性的专用名称。

根据 GB/T 21731—2008《橙汁及橙汁饮料》的定义橙汁和橙汁饮料是两种不同属性的产品（橙汁的果汁含量要达到 100g/100g，橙汁饮料的果汁含量只要求达到≥ 10g/100g）。该标签产品的真实属性为橙汁饮料，而非橙汁。食品名称“欢乐橙汁”含有易使人误解食品属性的文字和术语（橙汁），应在所示名称的同一展示版面邻近部位使用同一字号标示反映食品真实属性的专用名称（橙汁饮料）。即“欢乐橙汁（橙汁饮料）”或直接标示“欢乐橙汁饮料”。

示例 18

橙汁 饮料　橙汁含量≥ 10%		生产许可
配料	水、橙汁、白砂糖、食品添加剂（柠檬酸钠、柠檬酸、苹果酸）	
净含量	250 毫升	
保质期	十二个月	
贮存条件	避免阳光直晒及高温	

产品标准号	GB/T 21731
生产日期	2015 年 12 月 19 日
生产商	上海市 × × 饮料有限公司
地址	上海市 × × 路 × × 号
电话	021-× × × × × × × ×
传真	021-× × × × × × × ×
生产许可证	QS3115 0601 × × × ×

营养成分表

项目	每 100 克	营养素参考值 %
能量	204 千焦	2%
蛋白质	0 克	0%
脂肪	0 克	0%
碳水化合物	12.0 克	4%
钠	18 毫克	1%

【错误分析】

该标签未使用同一字号及同一字体颜色标示食品真实属性的专用名称，不符合 GB 7718—2011《食品安全国家标准　预包装食品标签通则》4.1.2.2.2 的规定。

GB 7718—2011《食品安全国家标准　预包装食品标签通则》4.1.2.2.2 规定：当食品真实属性的专用名称因字号或字体颜色不同易使人误解食品属性时，也应使用同一字号及同一字体颜色标示食品真实属性的专用名称。

同示例 17 分析，该标签的真实属性为橙汁饮料，产品名称标示的“橙汁”字体大于“饮料”，易使人误解为产品的属性为橙汁，应使用同一字号及同一字体颜色标示“橙汁饮料”。

三、配料表

示例 19

食品名称	银耳	生产许可
净含量	250g	
保质期	12 个月	
贮存条件	常温置于阴凉干燥、避光处	
产品标准号	NY/T 834	
生产日期	2015 年 12 月 10 日	
生产商名称	上海市 × × 食品厂（分装）	
地址	上海市 × × 路 × × 号	
电话	021-× × × × × × × ×	
生产许可证	QS× × × × 0601 × × × ×	
质量等级	二级	

【错误分析】

该标签未标示配料表，不符合 GB 7718—2011《食品安全国家标准　预包装食品标签通则》4.1.3.1 的规定。

GB 7718—2011《食品安全国家标准　预包装食品标签通则》4.1.3.1 规定：预包装食品的标签上应标示配料表，配料表中的各种配料应按 4.1.2 的要求标示具体名称，食品添加剂按照 4.1.3.1.4 的要求标示名称。《预包装食品标签通则》(GB 7718—2011）问答（修订版）二十一“关于单一配料的预包装食品是否标示配料表”的解释为：单一配料的预包装食品应当标示配料表。

该标签产品属于单一配料的食品，仍应标示配料表，如“配料表：银耳”。

示例 20

<table>
<tr><td colspan="3">烤鸡翅根（蜂蜜味）　　净含量：13 克</td></tr>
<tr><td>配料</td><td colspan="2">鸡翅根、白砂糖、蜂蜜、食用盐、白酒、老抽、味精、香辛料</td></tr>
<tr><td>产品标准代号</td><td colspan="2">Q/××××0001S</td></tr>
<tr><td>生产许可证号</td><td colspan="2">QS4451 0401 ××××</td></tr>
<tr><td>食用方法</td><td colspan="2">开启封口直接食用</td></tr>
<tr><td>保质期</td><td>12 个月（常温下）</td><td rowspan="7">QS 生产许可</td></tr>
<tr><td>生产日期</td><td>20150405</td></tr>
<tr><td>贮存条件</td><td>阴凉通风处，避免阳光照射</td></tr>
<tr><td>产地</td><td>广东 潮州</td></tr>
<tr><td>生产者</td><td>××食品有限公司</td></tr>
<tr><td>生产地址</td><td>广东省×××县×××路××号</td></tr>
<tr><td>联系电话</td><td>××××-××××××××</td></tr>
</table>

营养成分表

项目	每 100 克	营养素参考值 %
能量	1010 千焦	12%
蛋白质	34.4 克	57%
脂肪	10.2 克	17%
碳水化合物	2.8 克	1%
钠	1407 毫克	70%

【错误分析】

该标签未按标准要求标示食品配料（老抽）在国家标准、行业标准、地方标准中的名称或等效名称，不符合 GB 7718—2011《食品安全国家标准　预包装食品标签通则》4.1.3.1 的规定。

GB 7718—2011《食品安全国家标准　预包装食品标签通则》4.1.3.1 规定：配

料表中的各配料应按 4.1.2 的要求（即标示反映食品真实属性的专用名称）标示具体名称。

该标签配料中的“老抽”属于“地区俚语名称”，应标示为“酿造酱油”等。

示例 21

佐餐料（辣酱油）	**净含量：630 毫升**	
配料	饮用水、白砂糖、食用盐、水果、番茄酱、蔬菜、辣椒、香辛料、焦糖色	
产品标准代号	Q/××××	
生产许可证号	QS×××× 0307 ××××	
食用方法	开启封口直接食用	
保质期	18 个月	生产许可
生产日期	20150405	
贮存条件	常温	
生产者	××食品有限公司	
生产地址	××省×××市×××路××号	
联系电话	××××-××××××××	

营养成分表

项目	每 100 克	营养素参考值 %
能量	150 千焦	2%
蛋白质	0 克	0%
脂肪	0 克	0%
碳水化合物	8.1 克	3%
钠	1100 毫克	55%

【错误分析】

该标签未按标准要求标示食品配料的具体名称（水果、蔬菜），不符合 GB 7718—2011《食品安全国家标准　预包装食品标签通则》4.1.3.1 的规定。

GB 7718—2011《食品安全国家标准　预包装食品标签通则》4.1.3.1 规定：配料表中的各配料应按 4.1.2 的要求标示具体名称。

该标签配料中的“水果、蔬菜”属于一大类食品名称，未标示配料的具体名称，应标示其使用的水果和蔬菜的具体名称，如苹果、葡萄、白菜、萝卜等。

示例 22

食品名称	肉丸罐头	
主要成分	猪肉、青葱、淀粉、饮用水、味精、大豆分离蛋白、白砂糖、食用盐	
净含量（规格）	500g	
生产者名称	上海 ×× 食品有限公司	
地址	上海市 ×× 区 ×× 路 × 号	
电话（传真）	021-×××××（××××）	
生产日期	标示于封口处	
保质期	12 个月	
贮存条件	零下 18℃冷冻保存	生产许可
产品标准号	GB 13100	
产地	上海市 ×× 区	
食品生产许可证编号	QS××××0901××××	

营养成分表

项目	每 100 克	营养素参考值 %
能量	802kJ	10%
蛋白质	9.2g	15%
脂肪	10.5g	18%
碳水化合物	12.1g	4%
钠	443mg	22%

【错误分析】

该标签配料表的标题名称标示不规范，不符合 GB 7718—2011《食品安全国家标准　预包装食品标签通则》4.1.3.1.1 的规定。

GB 7718—2011《食品安全国家标准　预包装食品标签通则》4.1.3.1.1 规定：配料表应以“配料”或“配料表”为引导词。

该标签中配料表引导词使用了“主要成分”属于配料表的标题名称标示不规范。同理，标示“成分”“主料与辅料”等均属于配料表标题标示不规范 。例外情况：当加工过程中所用的原料已改变为其他成分（如酒、酱油、食醋等发酵产品）时，可用“原料”或“原料与辅料”代替“配料”“配料表”。

示例 23

话梅	净含量：55g
配料	青梅、白砂糖、食用盐、食品添加剂（柠檬酸、苹果酸、香兰素、苯甲酸钠）
产品类型	凉果类
产品标准号	GB/T 10782
食品生产许可证编号	QS××××1701××××
生产日期	2015 年 10 月 10 日
保质期	12 个月
贮存条件	干燥阴凉处
食用方法	开袋即食，注意误食果壳
生产商	上海 ×××× 食品有限公司
地址	上海市嘉定区 ×× 路 ×× 号 ×× 幢
电话	021-××××××××
产地	上海市嘉定区

生产许可

营养成分表

项目	每 100g	NRV%
能量	1348kJ	16%
蛋白质	0.7g	1%
脂肪	0g	0%
碳水化合物	74.5g	25%
钠	1490mg	75%

【错误分析】

该标签配料表中未标示食品添加剂（甜蜜素、糖精钠），不符合 GB 7718—2011《食品安全国家标准　预包装食品标签通则》4.1.3.1.2 的规定。

GB 7718—2011《食品安全国家标准　预包装食品标签通则》4.1.3.1.2 规定：各种配料应按制造或加工食品时加入量的递减顺序一一排列；加入量不超过 2% 的配料可以不按递减顺序排列。

该标签的实物质量检测表明该产品含有食品添加剂"甜蜜素、糖精钠"，而标签配料表中无其他配料可以带入这两种添加剂，该标签属于配料表中未标示使用的食品添加剂。

示例 24

卤豆腐干	净含量：150g	生产许可
配料	豆腐干、酱油、白砂糖、食用盐、味精、香辛料	
产品类型	非发酵豆制品、豆腐干类、调味豆腐干	
产品标准号	GB/T 22106—2008	
食品生产许可证编号	QS××××2501××××	
生产日期	2015 年 12 月 10 日	
保质期	3 天	
贮存条件	0℃ ~4℃	
食用方法	开袋即食	
生产商	上海 ×××× 食品有限公司	
地址	上海市嘉定区 ×× 路 ×× 号 ×× 幢	
电话	021-××××××××	
产地	上海市嘉定区	

营养成分表

项目	每 100g	NRV%
能量	1173kJ	14%
蛋白质	15.0g	25%
脂肪	23.2g	39%
碳水化合物	3.5g	1%
钠	1020mg	51%

【错误分析】

该标签未按标准要求标示复合配料（豆腐干）的原始配料，不符合 GB 7718—2011《食品安全国家标准　预包装食品标签通则》4.1.3.1.3 的规定。

GB 7718—2011《食品安全国家标准　预包装食品标签通则》4.1.3.1.3 规定：当某种复合配料已有国家标准、行业标准或地方标准，且其加入量小于食品总量的 25% 时，不需要标示复合配料的原始配料。《预包装食品标签通则》（GB 7718—2011）问答（修订版）二十六“关于复合配料在配料表中的标示”的解释：复合配料在配料表中的标示分以下两种情况：（一）如果直接加入食品中的复合配料已有国家标准、行业标准或地方标准，并且其加入量小于食品总量的 25%，则不需要标示复合配料的原始配料。加入量小于食品总量 25% 的复合配料中含有的食品添加剂，若符合《食品添加剂使用标准》（GB 2760）规定的带入原则且在最终产品中不起工艺作用的，不需要标示，但复合配料中在终产品起工艺作用的食品添加剂应当标示。推荐的标示方式为：在复合配料名称后加括号，并在括号内标示该食品添加剂的通用名称，如“酱油（含焦糖色）”。（二）如果直接加入食品中的复合配料没有国家标准、行业标准或地方标准，或者该复合配料已有国家标准、行业标准或地方标准且加入量大于食品总量的 25%，则应在配料表中标示复合配料的名称，并在其后加括号，按加入量的递减顺序一一标示复合配料的原始配料，其中加入量不超过食品总量 2% 的配料可以不按递减顺序排列。即配料中复合配料满足已有国家标准、行业标准或地方标准和加入量小于食品总量的 25% 两个条件时，方可不需要标示复合配料的原始配料。

该标签中的配料“豆腐干”虽已有相应的国家标准、行业标准或地方标准，但其在产品中的含量显然已大于总量的 25%，应标示其原始配料。

示例 25

食品名称	××× 牌人参固体饮料
食品类型	固体饮料
净含量	18 克
产品标准	GB/T 29602
配料表	白砂糖、植脂奶油、发泡奶精、麦芽糊精、脱脂奶粉、人参提取物粉（人工种植 /5 年生）、食用香精香料、食盐
食用方法	将一包 18g 人参固体饮料倒入杯中，加入 120~150ml 的热水，搅拌均匀后享用
食用限量	人参日服用量≤ 3 克，食用限量为 2 包 / 天
不适宜人群	孕妇、哺乳期妇女及 14 周岁以下儿童不宜食用
生产日期	2015-12-10
保质期	18 个月
贮存条件	请放在避光、阴凉干燥处保存
生产者名称	上海市 ×× 食品有限公司
地址	上海市嘉定区 ×× 路 ×× 号
食品生产许可证	QS3114 0601 ××××
联系方式	021-××××××××

营养成分表

项目	每 100 克	营养素参考值 %
能量	1633kJ	19%
蛋白质	4.5g	8%
脂肪	0.8g	1%
碳水化合物	89.8g	30%
钠	277mg	14%

【错误分析】

该标签未按标准要求标示复合配料（发泡奶精）的原始配料，不符合 GB 7718—2011《食品安全国家标准　预包装食品标签通则》4.1.3.1.3 的规定。

同示例 24 分析，该标签配料中的“发泡奶精”是一种复合配料，没有国家标准、行业标准或地方标准，无论其加入量是否大于食品总量的 25%，都应在配料表中标示复合配料的名称，并在其后加括号，按加入量的递减顺序一一标示复合配料的原始配料，其中加入量不超过食品总量 2% 的配料可以不按递减顺序排列。

示例 26

产品名称	酱鸭（酱卤肉制品）	
配料表	草鸭、白砂糖、饮用水、酿造酱油、白酒、生姜、辣椒粉、水分保持剂	
净含量	400 克	
产品标准代号	GB/T 23586	
生产日期	2014.5.12	
保质期	12 个月	生产许可
贮存条件	常温	
食品生产许可证编号	QS×××× 0401 ××××	
生产者	×××× 食品有限公司	
生产地址	××省××市××路××号	
联系方式	××××-×××××××	
产地	××省××市	

营养成分表

项目	每 100 克	营养素参考值 %
能量	1025 千焦	12%
蛋白质	26.0 克	43%
脂肪	13.5 克	23%
碳水化合物	4.8 克	2%
钠	961 毫克	48%

【错误分析】

该标签未标示食品添加剂（水分保持剂）在 GB 2760 中的通用名称，不符合 GB 7718—2011《食品安全国家标准　预包装食品标签通则》4.1.3.1.4 的规定。

GB 7718—2011《食品安全国家标准　预包装食品标签通则》4.1.3.1.4 规定：食品添加剂应标示其在 GB 2760 中的食品添加剂通用名称。《预包装食品标签通则》（GB 7718—2011）问答（修订版）二十八“关于食品添加剂通用名称的标示方式”的解释：应标示其在《食品添加剂使用标准》（GB 2760）中的通用名称。在同一预包装食品的标签上，所使用的食品添加剂可以选择以下三种形式之一标示：一是全部标示食品添加剂的具体名称；二是全部标示食品添加剂的功能类别名称以及国际编码（INS 号），如果某种食品添加剂尚不存在相应的国际编码，或因致敏物质标示需要，可以标示其具体名称；三是全部标示食品添加剂的功能类别名称，同时标示具体名称。

根据相关规定，如食品中使用食品添加剂“柠檬黄”，可以选择标示：（1）柠檬黄；（2）着色剂：102（102为柠檬黄的国际编码）；（3）着色剂（柠檬黄），但是不能只标“着色剂”。同时，预包装食品中食品添加剂的使用范围和使用量应当按照国家标准的规定执行，即应符合GB 2760中各类产品可以使用的食品添加剂。此外，加工助剂、酶制剂（最终产品中失去活力）不需要在标签中标示具体名称。该标签中食品添加剂“水分保持剂”只标示食品添加剂功能类别名称，未标示食品添加剂在GB 2760中的通用名称，如使用了“乳酸钾”，应标为“乳酸钾”或“水分保持剂（326）”或“水分保持剂（乳酸钾）”。

示例27

品名	肉松饼（热加工）
净含量	100克
配料	小麦粉、肉松、水、白砂糖、植物油、乳清粉、人造奶油、食用盐、鸡精调味料、食品添加剂（复合疏松剂、脱氢乙酸钠、山梨酸钾、黄原胶）
食品生产许可证号	QS31××2401××××
产品标准代码	GB/T 20977
产地	上海市
生产日期	2015年11月13日
贮存条件	请置于干燥阴凉处，避免阳光直射
生产商	上海××食品有限公司
地址	上海市××区××镇××路××号
联系方式	021-××××××××
保质期	十二个月

营养成分表

项目	每100克	营养素参考值%
能量	1671千焦	20%
蛋白质	7.9克	13%
脂肪	17.3克	29%
—反式脂肪酸	0克	
碳水化合物	51.0克	17%
钠	440毫克	22%

【错误分析】

该标签未标示复合食品添加剂（复合疏松剂）的原始配料，不符合GB 7718—

2011《食品安全国家标准　预包装食品标签通则》4.1.3.1.4 的规定。

GB 7718—2011《食品安全国家标准　预包装食品标签通则》4.1.3.1.4 规定：食品添加剂应标示其在 GB 2760 中的食品添加剂通用名称。《预包装食品标签通则》（GB 7718—2011）问答（修订版）三十二"关于复配食品添加剂的标示"的解释为：应当在食品配料表中一一标示在终产品中具有功能作用的每种食品添加剂。

该标签中"复合疏松剂"属于复配食品添加剂，需要标示在终产品中具有功能作用的每种食品添加剂，且每种食品添加剂的名称要标示其在 GB2760 中的通用名称。

示例 28

品名	牛奶味蛋糕（热加工）
净含量	250 克
配料	小麦粉、鸡蛋、水、白砂糖、植物油、乳粉、人造奶油、食用盐、食品添加剂（防腐剂（202）、乳化剂（475）、水分保持剂［420（ii）］、β－胡萝卜素）
食品生产许可证号	QS31××2401××××
产品标准代码	GB/T 20977
产地	上海市
生产日期	2015 年 12 月 15 日
保质期	12 个月
贮存条件	请置于干燥阴凉处，避免阳光直射
生产商	上海××食品有限公司
地址	上海市××区××镇××路××号
联系方式	021-××××××××

营养成分表

项目	每 100 克	营养素参考值 %
能量	1280 千焦	15%
蛋白质	5.4 克	9%
脂肪	11.8 克	20%
—反式脂肪酸	0 克	
碳水化合物	43.3 克	14%
钠	240 毫克	12%

【错误分析】

该标签食品添加剂标示形式不统一，不符合 GB 7718—2011《食品安全国家标准　预包装食品标签通则》4.1.3.1.4 及附录 B 的规定。

GB 7718—2011《食品安全国家标准　预包装食品标签通则》4.1.3.1.4 规定：在同一预包装食品的标签上，应选择附录 B 中的一种形式标示食品添加剂。当采用同时标示食品添加剂的功能类别名称和国际编码的形式时，若某种食品添加剂尚不存在相应的国际编码，或因致敏物质标示需要，可以标示其具体名称。《预包装食品标签通则》（GB 7718—2011）问答（修订版）三十“关于配料表中建立‘食品添加剂项’”的解释为：配料表应当如实标示产品所使用的食品添加剂，但不强制要求建立“食品添加剂项”；食品生产经营企业应选择附录B中的任意一种形式标示，因此，在同一预包装食品标签中，不可采用不同方式标示食品添加剂。

该标签中的“β－胡萝卜素”在GB 2760中有相对应的国际编码，应标示为“着色剂［160（a）］”；或者将其所用的食品添加剂项中全部改为具体名称：“食品添加剂（山梨酸钾、聚甘油脂肪酸酯、山梨糖醇液、β－胡萝卜素）”。

示例29

食品名称	卤鸡蛋
配料表	鲜鸡蛋、白砂糖、食盐、辣椒、香辛料、食品添加剂（味精）
净含量	40g
生产者名称	上海××食品有限公司
地址	上海市××区××路×号
电话（传真）	021-×××××（××××）
生产日期	2016.01.06
保质期	12个月
贮存条件	常温，置于阴凉干燥处
产品标准号	SB/T 10369
产地	上海市××区
食品生产许可证编号	QS××××1901××××

营养成分表

项目	每100克	营养素参考值%
能量	712千焦	8%
蛋白质	15.8克	26%
脂肪	10.3克	17%
碳水化合物	1.5克	1%
钠	383毫克	19%

【错误分析】

该标签食品添加剂名称（味精）标示不规范，不符合GB 7718—2011《食品安全国家标准　预包装食品标签通则》4.1.3.1.4的规定。

GB 7718—2011《食品安全国家标准　预包装食品标签通则》4.1.3.1.4规定：食

品添加剂应当标示其在 GB 2760 中的食品添加剂通用名称。

根据《卫生部办公厅关于味精归属及标识有关问题的复函》(卫办监督函[2011]998 号):味精(谷氨酸钠)是常用的调味品,也是被列入《食品安全国家标准 食品添加剂使用标准》的食品添加剂。作为调味品时产品名称可以为味精或谷氨酸钠;但列在食品添加剂项下就要标示食品添加剂在 GB 2760 中的通用名称,只可以标示"谷氨酸钠"。

示例 30

食品名称	吐司面包
配料表	小麦粉、酵母、白砂糖、奶油、水、食用盐、食品添加剂:双乙酰酒石酸单双甘油酯、抗坏血酸、a-淀粉酶、木聚糖酶、丙酸钙、山梨酸钾
净含量	200g
生产者名称	上海 ×× 食品有限公司
地址	上海市 ×× 区 ×× 路 × 号
电话(传真)	021-×××××(××××)
生产日期	标示于封口处
保质期	3 天
加工方式	热加工
贮存条件	常温,置于阴凉干燥处
产品标准号	GB/T 20981
产地	上海市 ×× 区
食品生产许可证编号	QS 3110 2401××××

营养成分表

项目	每 100 克	营养素参考值 %
能量	2047 千焦	24%
蛋白质	5.8 克	10%
脂肪	20.4 克	34%
碳水化合物	69.2 克	23%
钠	120 毫克	6%

【错误分析】

该标签食品添加剂(a-淀粉酶)名称书写错误,不符合 GB 7718—2011《食品安全国家标准 预包装食品标签通则》4.1.3.1.4 的规定。

GB 7718—2011《食品安全国家标准　预包装食品标签通则》4.1.3.1.4 规定：食品添加剂应标示食品添加剂在 GB 2760 中的通用名称。

该标签中“a-淀粉酶”应标示为“α-淀粉酶”，属于书写的低级错误，应完全按照 GB 2760 中的名称书写。

示例 31

食品名称	可乐型汽水	
配料	水、食品添加剂（二氧化碳、焦糖色、磷酸、柠檬酸钠、阿斯巴甜、山梨酸钾、咖啡因、安赛蜜）	生产许可
净含量	600 毫升	
保质期	十二个月	
贮存条件	避免阳光直晒及高温，冷藏口味更佳	
产品标准号	GB/T 10792	
生产日期	2015 年 12 月 19 日	
生产商	上海市 ×× 饮料有限公司	
地址	上海市 ×× 路 ×× 号	
电话	021-××××××××	
传真	021-××××××××	
生产许可证	QS3115 0601 ××××	

营养成分表

项目	每 100 克	营养素参考值 %
能量	0 千焦	0%
蛋白质	0 克	0%
脂肪	0 克	0%
碳水化合物	0 克	0%
钠	18 毫克	1%

【错误分析】

该标签未按标准要求标示食品添加剂阿斯巴甜（含苯丙氨酸）的名称，不符合 GB 7718—2011《食品安全国家标准　预包装食品标签通则》4.1.3.1.4 及 GB 2760—2014 中表 A.1 的规定。

根据 GB 2760—2014《食品安全国家标准　食品添加剂使用标准》表 A.1 规定，添加天门冬酰苯丙氨酸甲酯（又名阿斯巴甜）的食品应标明：“阿斯巴甜（含苯丙氨酸）”。

示例 32

食品名称	草莓挞味饼干（注心饼干）
配料表	小麦粉、白砂糖、食用氢化油、乳清粉、蛋黄粉、食用盐、全脂乳粉、草莓粉食品添加剂（碳酸氢钠、磷脂、蔗糖脂肪酸酯、柠檬酸、三氯蔗糖、诱惑红、食用香精）
净含量	80g
生产者名称	上海 ×× 食品有限公司
地址	上海市 ×× 区 ×× 路 × 号
电话（传真）	021-×××××（××××）
生产日期	2016.01.06
保质期	12 个月
贮存条件	常温，置于阴凉干燥处
产品标准号	GB/T 20980
产地	上海市 ×× 区
食品生产许可证编号	QS××××0801××××

营养成分表

项目	每 100 克	营养素参考值 %
能量	1070 千焦	13%
蛋白质	3.5 克	6%
脂肪	14.6 克	24%
反式脂肪酸	0.4 克	
碳水化合物	27.0 克	9%
钠	163 毫克	8%

【错误分析】

该标签超范围使用、标示食品添加剂（诱惑红），不符合 GB 2760—2014《食品安全国家标准　食品添加剂使用标准》第 5 章的规定。

GB 2760—2014《食品安全国家标准　食品添加剂使用标准》第 5 章规定：食品添加剂的使用应符合附录 A 的规定。查阅附录 A，着色剂“诱惑红”不能在饼干中使用；在焙烤食品馅料及表面用挂浆（仅限饼干夹心）中诱惑最大使用量为 0.1g/kg（以诱惑红计）。

该标签产品饼干在配料中标示“诱惑红”有超范围使用、标示食品添加剂之嫌。

四、配料的定量标示

示例 33

食品名称	红枣姜茶（固体饮料）
净含量	120 克（12 克 ×10 包）
保质期	18 个月
贮存条件	清洁干燥通风处
产品标准号	Q/KEF××××
生产日期	2015 年 11 月 28 日
配料表	红枣、生姜、蜂蜜
生产商	上海 ××× 食品有限公司
地址	上海市浦东新区 ×× 镇 ×× 路 ×× 号 × 幢 × 楼
食品产地	上海浦东新区
电话	021-××××××××
生产许可证	QS3115 0601 ××××
产品介绍	本产品特别添加云南高山生姜，美味又健康！

营养成分表

项目	每 100 克	营养素参考值 %
能量	1693 千焦	20%
蛋白质	0 克	0%
脂肪	0.6 克	1%
碳水化合物	97.1 克	32%
钠	8 毫克	0%

【错误分析】

该标签未标示特别强调的配料（云南高山生姜）添加量或在成品中的含量，不符合 GB 7718—2011《食品安全国家标准　预包装食品标签通则》4.1.4.1 的规定。

GB 7718—2011《食品安全国家标准　预包装食品标签通则》4.1.4.1 规定：如果在食品标签或食品说明书上特别强调添加了或含有一种或多种有价值、有特性的配料或成分，应标示所强调配料或成分的添加量或在成品中的含量；如果在食品的标签上特别强调一种或多种配料或成分的含量较低或无时，应标示所强调配料或成分在成品中的含量；食品名称中提及的某种配料或成分而未在标签上特别强调，不需要标示该种配料或成分的添加量或在成品中的含量。

《食品安全国家标准　预包装食品标签通则》GB 7718—2011）问答（修订版）三十九“关于定量标示配料或成分的情形”的解释为：一是如果在食品标签或说明书上强调含有某种或多种有价值、有特性的配料或成分，应同时标示其添加量或在成品中的含量；二是如果在食品标签上强调某种或多种配料或成分含量较低或无时，应同时标示其在终产品中的含量。四十“关于不要求定量标示配料或成分的情形”的解释为：只在食品名称中出于反映食品真实属性需要，提及某种配料或成分而未在标签上特别强调时，不需要标示该种配料或成分的添加量或在成品中的含量。只强调食品的口味时也不需要定量标示。

该标签中虽然产品名称“红枣姜茶”提及配料“生姜”，但在产品介绍中又特别强调“特别添加云南高山生姜”，需要标示特别强调的配料（云南高山生姜）的添加量或在成品中的含量。

示例 34

牛奶高钙燕麦片	净含量 / 规格：600 克
产品标准号	Q/××××0001S—2014
生产日期	2015.12.10
保质期	12 个月
贮存条件	置于阴凉干燥处
产品介绍	含澳洲优质燕麦
配料	燕麦、白砂糖、麦片、麦芽糊精、全脂奶粉、碳酸钙、食用香精
生产商	上海 ××× 食品有限公司
地址	上海市 ×× 区 ×× 路 ×× 号
产地	上海市 ×× 区
电话	021-××××××××
生产许可证	QS×××× 0701 ××××

营养成分表

项目	每 100 克	营养素参考值 %
能量	1730kJ	21%
蛋白质	6.9g	12%
脂肪	8.8g	15%
碳水化合物	73.4g	24%
膳食纤维	3.0g	12%
钠	159mg	8%
钙	503mg	63%

【错误分析】

该标签未标示标签上特别强调添加的有价值、有特性的配料或成分（燕麦）的添加量或在成品中的含量，不符合 GB 7718—2011《食品安全国家标准　预包装食品标签通则》4.1.4.1 的规定。

该标签中特别强调“含澳洲优质燕麦”，同上例分析，需要标示“澳洲优质燕麦”的添加量或在成品中的含量。

示例 35

品名	×× 奶糖（原味）	
净含量	130 克	
配料	麦芽糖浆、白砂糖、炼乳、奶粉、奶油、海藻糖、食用盐、明胶、单硬脂酸甘油酯、磷脂、食用香精	
食品生产许可证号	QS31××1301××××	
产品标准代号	SB/T 10022	
产地	上海市	
生产日期	2016 年 1 月 1 日	
保质期	12 个月	
贮存条件	请置于阴凉干燥处	添加海藻糖
生产商	上海 ×× 食品有限公司	
地址	上海市 ×× 区 ×× 镇 ×× 路 ×× 号	
联系方式	021-××××××××	

营养成分表

项目	每 100 克	营养素参考值 %
能量	1819 千焦	22%
蛋白质	3.0 克	5%
脂肪	11.9 克	20%
—反式脂肪酸	0 克	
碳水化合物	74.7 克	25%
钠	200 毫克	10%

【错误分析】

该标签未标示标签上特别强调添加的配料（海藻糖）的添加量或在成品中的含量，不符合 GB 7718—2011《食品安全国家标准　预包装食品标签通则》4.1.4.1 的规定。

该标签中特别强调“添加海藻糖”，同上例分析，需要标示“海藻糖”的添加量或在成品中的含量。

示例 36

<table>
<tr><td colspan="3">品名：乌龙茶饮料　　净含量：350ml</td></tr>
<tr><td>配料</td><td colspan="2">纯水、乌龙茶、食品添加剂（维生素 C、碳酸氢钠）</td></tr>
<tr><td>保质期</td><td>12 个月</td><td rowspan="3">生产许可</td></tr>
<tr><td>生产日期</td><td>2015.××.××</td></tr>
<tr><td>产品标准号</td><td>GB/T 21733</td></tr>
<tr><td>委托商</td><td colspan="2">×××× 有限公司</td></tr>
<tr><td>地址</td><td colspan="2">上海市 ×× 区 ×× 路 ×× 号</td></tr>
<tr><td>服务热线</td><td colspan="2">021-××××××××（法定工作日 8：30—17：30）</td></tr>
<tr><td>生产商</td><td colspan="2">×××× 饮料有限公司</td></tr>
<tr><td>地址</td><td colspan="2">江苏省 ××× 市 ××× 区 ××× 路 ×× 号</td></tr>
<tr><td>联系方式</td><td colspan="2">××××-××××××××</td></tr>
<tr><td>产地</td><td colspan="2">江苏省 ××× 市</td></tr>
<tr><td>贮存条件</td><td colspan="2">本产品常温贮存。请置于阴凉干燥处保存，避免高温及太阳直射</td></tr>
<tr><td>生产许可证编号</td><td colspan="2">QS×××× 0601 ××××</td></tr>
<tr><td colspan="3">本产品无防腐剂，开启后请及时饮用！
请勿在微波炉中或明火上直接加热。
请勿直接冷冻，以免容器变形。若有沉淀，系天然茶叶成分，请放心饮用。</td></tr>
</table>

营养成分表

项目	每 100 毫升（ml）	NRV%
能量	18 千焦（kJ）	0%
蛋白质	0 克（g）	0%
脂肪	0 克（g）	0%
碳水化合物	1.8 克（g）	1%
钠	16 毫克（mg）	1%

【错误分析】

该标签未标示特别强调含量无的成分（防腐剂）在成品中的含量，不符合 GB 7718—2011《食品安全国家标准　预包装食品标签通则》4.1.4.2 的规定。

GB 7718—2011《食品安全国家标准　预包装食品标签通则》4.1.4.2 规定：如果在食品的标签上特别强调一种或多种配料或成分的含量较低或无时，应标示所强调配料或成分在成品中的含量。

该标签中强调产品“无防腐剂”，应标示其在成品中的含量。同理，特别强调含量低时，也应在终产品标示其含量；如标示“不添加防腐剂”则不需要标示其含量，但应确保配料中确实没有防腐剂和生产中没有使用防腐剂。

示例 37

品名：奶茶饮料	净含量：500ml	
配料	水、白砂糖、乳粉、速溶红茶、蔗糖脂肪酸酯、琥珀酸单甘油酯、碳酸氢钠、食用香精	
保质期	12 个月	生产许可
生产日期	2015.××.××	
产品标准号	GB/T 21733	
委托商	××××有限公司	
地址	上海市××区××路××号	
服务热线	021-××××××××（法定工作日 8：30—17：30）	
生产商	××××饮料有限公司	
地址	江苏省×××市×××区×××路××号	
联系方式	××××-××××××××	
产地	江苏省×××市	
贮存条件	请置于阴凉干燥处保存，避免高温及太阳直射	
生产许可证编号	QS××××0601××××	

本产品不添加奶精（植脂末）、低反式脂肪酸、低脂肪。
请勿在微波炉中或明火上直接加热。

营养成分表

项目	每 100 毫升（ml）	NRV%
能量	154 千焦（kJ）	2%
蛋白质	0.6 克（g）	1%
脂肪	0.6 克（g）	1%
碳水化合物	7.1 克（g）	2%
钠	16 毫克（mg）	1%

【错误分析】

该标签未标示特别强调含量低的成分在成品中的含量（反式脂肪酸），不符合 GB 7718—2011《食品安全国家标准　预包装食品标签通则》4.1.4.2 的规定。

同示例 36，该标签需要标示特别强调含量低的成分“反式脂肪酸”在终产品中的含量。由于“低反式脂肪酸”在 GB 28050—2011《食品安全国家标准　预包装食品营养标签通则》中没有含量限制要求，可标示在营养成分表内“脂肪”之后，但要采取适当形式使能量和核心营养素的标示更加醒目。

该标签中还强调“低脂肪”，“脂肪”含量标示在营养成分表中并且满足 GB 28050—2011《食品安全国家标准　预包装食品营养标签通则》中的限制要求；强调“不添加奶精（植脂末）”不需要标示其含量，只要确保配料中确实没有添加即可。

五、净含量和规格

示例 38

产品名称	卤制鹌鹑蛋	
配料表	鹌鹑蛋、白砂糖、食用盐、水、味精、生姜、大蒜、花椒、八角、食用香精香料	
净重	100 克	
产品标准代号	GB/T 23970	
生产日期	2014.5.12	
保质期	180 天	生产许可
贮存条件	阴凉避光	
食品生产许可证编号	QS××××1901××××	
生产者	××××食品有限公司	
生产地址	××省××市××路××号	
联系方式	×××-×××××××	
产地	××省××市	

营养成分表

项目	每 100 克	营养素参考值 %
能量	1064 千焦	13%
蛋白质	15.1 克	25%
脂肪	14.4 克	24%
碳水化合物	10.5 克	4%
钠	1566 毫克	78%

【错误分析】

该标签净含量标题标示不规范，不符合 GB 7718—2011《食品安全国家标准　预包装食品标签通则》4.1.5.1 的规定。

GB 7718—2011《食品安全国家标准　预包装食品标签通则》4.1.5.1 规定：净含量的标示应由净含量、数字和法定计量单位组成。

净含量的标题只可以标示“净含量”三个字，标示“净重”“毛重”“容量”等都属于净含量标题标示不规范。

示例 39

品名：猪肉丸（熟制、肉糜类制品、速冻肉制品）	生产许可
净含量：1 公斤	
配料：猪肉、水、淀粉、大豆蛋白、食用盐、白砂糖、味精、香辛料、焦磷酸钠、三聚磷酸钠、六偏磷酸钠、亚硝酸钠、食用香精香料	
贮存条件及保质期：−18℃以下 90 天	
产品标准号：SB/T 10379	
生产日期：2015.12.10	
生产商：上海市 ×× 食品有限公司	
地址：上海市浦东新区 ×× 镇 ×× 路 ×× 号	
电话：021-××××××××	
生产许可证：QS×××× 1101 ××××	

营养成分表

项目	每 100 克	NRV%	项目	每 100 克	NRV%
能量	689 千焦	8%	碳水化合物	6.5 克	2%
蛋白质	17.2 克	29%	钠	771 毫克	39%
脂肪	7.1 克	12%			

【错误分析】

该标签未使用标准规定的净含量计量单位（公斤），不符合 GB 7718—2011《食品安全国家标准　预包装食品标签通则》4.1.5.2 的规定。

GB 7718—2011《食品安全国家标准　预包装食品标签通则》4.1.5.2 规定：应依据法定计量单位，按以下形式标示包装物（容器）中食品的净含量：a）液态食品，用体积升（L）(l)、毫升（mL）(ml)，或用质量克（g）、千克（kg）；b）固态食品，用质量克（g）、千克（kg）；c）半固态或黏性食品，用质量克（g）、千克（kg）或体积升（L）(l)、毫升（mL）(ml)。

该标签中的“公斤”不属于法定计量单位，应使用法定计量单位“千克”或“kg”，如：“净含量：1 千克”。

示例 40

鸡精调味料	净含量 / 规格：1000g	
产品标准号	SB/T 10371	
生产日期	2015.06.09	
保质期	二十个月	
贮存条件	请在阴凉干燥处保存，开封后需密封保存，避免吸潮	
使用方法	本品属于即食类复合调味料。可在菜肴、点心、汤中按个人需要和口味添加至鲜美可口	
配料	味精、食用盐、白砂糖、大米、鸡肉、鸡蛋全蛋液、食用香精、咖喱粉、洋葱、大蒜、食品添加剂（5′-呈味核苷酸二钠）	
生产商	上海 ××× 食品有限公司	生产许可
地址	上海市 ×× 区 ×× 路 ×× 号	
产地	上海市 ×× 区	
电话	021-××××××××	
生产许可证	QS3114 0305 ××××	

营养成分表

项目	每份	营养素参考值 %
能量	47 千焦（kJ）	1%
蛋白质	1.0 克（g）	2%
脂肪	0.2 克（g）	0%
碳水化合物	1.3 克（g）	0%
钠	1050 毫克（mg）	53%

每份为 5 克（g）

【错误分析】

该标签未按标准要求使用计量单位（1000g），不符合 GB 7718—2011《食品安全国家标准　预包装食品标签通则》4.1.5.3 的规定。

GB 7718—2011《食品安全国家标准　预包装食品标签通则》4.1.5.3 规定了净含量的计量单位（表 1）。

表 1　净含量计量单位的标示方式

计量方式	净含量（Q）的范围	计量单位
体积	$Q<1000$mL $Q \geqslant 1000$mL	毫升（mL）(ml) 升（L）(l)
质量	$Q<1000$g $Q \geqslant 1000$g	克（g） 千克（kg）

该标签中净含量标示值为 1000g，属于净含量 $Q \geqslant 1000$g，计量单位应标示为千克（kg），如“净含量 / 规格：1kg”。

示例 41

产品名称	粳米
配料	稻谷
净含量	2.5kg
质量等级	二级
执行标准	GB 1354—2009
生产日期	2015 年 ×× 月 ×× 日
保质期	六个月
贮存方法	阴凉、干燥、通风处
生产许可证	QS×××× 0102 ××××
生产商	上海 ×××××× 有限公司
生产地址	上海市 ×× 区 ×× 路 ×× 号
电话	021-××××××××

营养成分表

项目	每 100g	NRV%
能量	1440 千焦（kJ）	17%
蛋白质	6.8 克（g）	11%
脂肪	0 克（g）	0%
碳水化合物	76.0 克（g）	25%
钠	0 毫克（mg）	0%

生产许可

【错误分析】

该标签净含量字符的最小高度小于 6mm，不符合 GB 7718—2011《食品安全国家标准　预包装食品标签通则》4.1.5.4 的规定。

GB 7718—2011《食品安全国家标准　预包装食品标签通则》4.1.5.4 规定了净含量字符的最小高度（表 2）。

表 2　净含量字符的最小高度

净含量（Q）的范围	字符的最小高度 /mm
$Q \leqslant$ 50mL；$Q \leqslant$ 50g	2
50mL $< Q \leqslant$ 200mL；50g $< Q \leqslant$ 200g	3
200mL $< Q \leqslant$ 1L；200g $< Q \leqslant$ 1kg	4
$Q >$ 1L；$Q >$ 1kg	6

该标签中净含量为 2.5kg，根据表 2 要求，净含量字符的最小高度应≥6mm。

示例 42

食品名称	饮用水
配料表	水
净含量：350ml	
生产者名称	上海 ×× 食品有限公司
地址	上海市 ×× 区 ×× 路 × 号
电话（传真）	021-×××××（××××）
生产日期	2016.02.21
保质期	12 个月
贮存条件	常温，置于阴凉干燥处
产品标准号	GB 19298
食品生产许可证编号	QS××××0601××××

生产许可

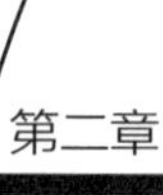

【错误分析】

该标签净含量字符的最小高度小于 4mm，不符合 GB 7718—2011《食品安全国家标准　预包装食品标签通则》4.1.5.4 的规定。

同上例分析，该标签净含量为 350ml，根据表 2 要求，净含量字符的最小高度应≥ 4mm。

GB 7718—2011《食品安全国家标准　预包装食品标签通则》4.1.5.1 规定：净含量的标示应由净含量、数字和法定计量单位组成。即“净含量”、数字和法定计量单位三部分都要满足净含量字符的最小高度要求。

该标签只有数字满足字符的最小高度，“净含量”标题和法定计量单位都不满足，属于标示不规范。

示例 43

标签正面		
食品名称	花椒粉	
标签反面		
配料	花椒粉	
净含量	10 克	
保质期	36 个月	
贮存条件	干燥及阴凉处	
生产日期	2015 年 11 月 19 日	
生产单位	×××× 食品有限公司	
地址	×××× 市 ×××× 路 ×× 号	
生产许可证号	QS××××0307××××	生产许可
食用方式	可用于腌制肉类食品，在蔬菜中加入可增香添味	
产品标准号	Q/××××	
联系方式	800820××××	

【错误分析】

该标签净含量与食品名称不在包装物的同一展示版面标示，不符合 GB 7718—2011《食品安全国家标准　预包装食品标签通则》4.1.5.5 的规定。

GB 7718—2011《食品安全国家标准　预包装食品标签通则》4.1.5.5 规定：净含量应与食品名称在包装物或容器的同一展示版面标示。

该标签食品名称标示在包装物正面，净含量标示在包装物反面，且包装物反面没有标示食品名称。正确标示方法可以在包装物正面标示净含量，或在包装物反面再标示一遍食品名称。

示例 44

产品名称	糖水菠萝	
配料表	菠萝、饮用水、白砂糖、食品添加剂（柠檬酸、DL-苹果酸）	
净含量	500 克	
产品等级	优级品	
产品标准代号	GB/T 13207—2011	
生产日期	2014.5.12	
保质期	18 个月	生产许可
贮存条件	常温	
食品生产许可证编号	QS××××0901××××	
生产者	××××食品有限公司	
生产地址	××省××市××路××号	
联系方式	××××-××××××××	
产地	××省××市	

营养成分表

项目	每 100 克	营养素参考值 %
能量	929 千焦	11%
蛋白质	1.1 克	2%
脂肪	0 克	0%
碳水化合物	50.4 克	17%
钠	0 毫克	0%

【错误分析】

该标签未标示沥干物（固形物）含量，不符合 GB 7718—2011《食品安全国家标准　预包装食品标签通则》4.1.5.6 的规定。

GB 7718—2011《食品安全国家标准　预包装食品标签通则》4.1.5.6 规定：容器中含有固、液两相物质的食品，且固相物质为主要食品配料时，除标示净含量外，还应以质量或质量分数的形式标示沥干物（固形物）的含量（标示形式参见附录 C）。

该标签产品为糖水菠萝是固、液两相物质的食品，且主要配料为“菠萝”，此产品除标示净含量外，应标示沥干物（固形物）含量。沥干物（固形物）含量可以质量形式标示，即“沥干物（固形物）不低于××克”，也可以质量分数形式标示，即“沥干物（固形物）不低于××%”。

示例 45

食品名称	番茄沙司	生产许可
净含量	160g	
保质期	12 个月	
贮存条件	清洁、阴凉、干燥处，常温保存	
产品标准号	SB/T 10459	
独立小包装，居家旅行，实用方便		
生产日期	2016 年 2 月 14 日	
配料表	水、番茄酱、白砂糖、食醋、食用盐、食品添加剂（乙酰化二淀粉磷酸酯、山梨酸钾、苯甲酸钠）、食用香精	
生产商	上海×××食品有限公司	
地址	上海市××镇××路××号×幢×楼	
电话	021-××××××××	
生产许可证	QS××××0307××××	

营养成分表

项目	每 10 克	营养素参考值 %
能量	47 千焦	1%
蛋白质	0.1 克	0%
脂肪	0 克	0%
碳水化合物	2.5 克	1%
钠	107 毫克	5%

【错误分析】

查看该食品包装，发现其包装内有 16 小包番茄沙司，每包 10g。该标签内含独立小包装，未标示规格，不符合 GB 7718—2011《食品安全国家标准　预包装食品标签通则》4.1.5.7 的规定。

GB 7718—2011《食品安全国家标准　预包装食品标签通则》4.1.5.7 规定：同一预包装内含有多个单件预包装食品时，大包装在标示净含量的同时还应标示规格。4.1.5.8 规定：规格的标示应由单件预包装食品净含量和件数组成，或只标示件数，可不标示“规格”二字。单件预包装食品的规格即指净含量（标示形式参见附录 C）。

该标签产品写明为“独立小包装”（且小包装上标明了净含量），属于同一预包装内含有多个单件预包装食品，需要标示规格。该标签可以选择很多形式标示，如：净含量（或净含量 / 规格）：10g×16，净含量（或净含量 / 规格）：16×10g，净含量（或净含量 / 规格）：160g（16×10g），净含量 160g（内含 16 袋）附录 C 中列举的形式。

六、生产者、经销者的名称、地址和联系方式

示例 46

×× 牌味精	净含量：200 克	
配料	味精（谷氨酸钠）	生产许可
生产日期	2016.2.14	
保质期	36 个月	
标准号	GB/T 8967	
生产许可证	QS××××0304××××	
贮存条件	避免阳光直射，开封后请密封保存于阴凉干燥环境	
委托方名称	上海 ×××× 食品有限公司	
委托方地址	闵行区 ×× 路 ××× 号 × 幢 × 楼	
服务电话	400××××××	

【错误分析】

该标签未标示受委托单位的名称和地址或产地，不符合 GB 7718—2011《食品安全国家标准　预包装食品标签通则》4.1.6.1.3 的规定。

GB 7718—2011《食品安全国家标准　预包装食品标签通则》4.1.6.1.3 规定：受其他单位委托加工预包装食品的，应标示委托单位和受委托单位的名称和地址；或仅标示委托单位的名称和地址及产地，产地应当按照行政区划标注到地市级地域。

《预包装食品标签通则》（GB 7718—2011）问答（修订版）五十“关于标准中的产地”的解释为：“产地”指食品的实际生产地址，是特定情况下对生产者地址的补充。如果生产者的地址就是产品的实际产地，或者生产者与承担法律责任者在同一地市级地域，则不强制要求标示“产地”项。以下情况应同时标示“产地”项：一是由集团公司的分公司或生产基地生产的产品，仅标示承担法律责任的集团公司的名称、地址时，应同时用“产地”项标示实际生产该产品的分公司或生产基地所在地域；二是委托其他企业生产的产品，仅标示委托企业的名称和地址时，应用“产地”项标示受委托企业所在地域。《预包装食品标签通则》（GB 7718—2011）问答（修订版）五十二“关于标准中的地级市”的解释为：食品产地可以按照行政区划标示到直辖

市、计划单列市等副省级城市或者地级城市。地级市的界定按国家有关规定执行。

该标签产品属于受其他单位委托加工预包装食品的情况，应标示委托单位和受委托单位的名称和地址；或仅标示委托单位的名称和地址及产地。该标签仅标示了委托方的名称和地址，不符合《食品安全国家标准　预包装食品标签通则》4.1.6.1.3 规定。

示例 47

食品名称	益生菌复合粉
食品类型	其他固体饮料
净含量	28 克
产品标准	GB/T 29602
配料表	麦芽糊精、低聚半乳糖、低聚果糖、嗜热链球菌、乳双歧杆菌
食用方法	温水或牛奶冲调，每日一次，一次一袋
生产日期	2015-12-10
保质期	24 个月
贮存条件	请放在避光、阴凉干燥处保存
生产者名称	上海市 ×× 食品有限公司
地址	上海市 ×× 路 ×× 号
食品生产许可证	QS3114 0601 ××××

营养成分表

项目	每 100 克	营养素参考值 %
能量	1564kJ	19%
蛋白质	0g	0%
脂肪	0g	0%
碳水化合物	92.0g	31%
钠	10mg	1%

【错误分析】

该标签未标示联系方式，不符合 GB 7718—2011《食品安全国家标准　预包装食品标签通则》4.1.6.2 的规定。

GB 7718—2011《食品安全国家标准　预包装食品标签通则》4.1.6.2 规定：依法承担法律责任的生产者或经销者的联系方式应标示以下至少一项内容：电话、传真、网络联系方式等，或与地址一并标示的邮政地址。

《食品安全国家标准　预包装食品标签通则》(GB 7718—2011) 问答（修订版）五十三“关于联系方式的标示”的解释：联系方式应当标示依法承担法律责任的生

产者或经销者的有效联系方式。联系方式应至少标示以下内容中的一项：电话（热线电话、售后电话或销售电话等）、传真、电子邮件等网络联系方式、与地址一并标示的邮政地址（邮政编码或邮箱号等）。

该标签仅标示地址，未标示联系方式。

示例 48

食品名称	×× 菠萝干
产品分类	水果干制品
配料	菠萝、白砂糖、维生素 C、柠檬酸、焦亚硫酸钠
净含量	60 克
保质期	15 个月
贮存条件	干燥及阴凉处
生产日期	2015 年 11 月 19 日
进口商	×××× 贸易公司
原产国	菲律宾
友情提示	发现涨袋或漏气时请勿购买，或至销售处调换

【错误分析】

该标签未标示进口商的地址和联系方式，不符合 GB 7718—2011《食品安全国家标准　预包装食品标签通则》4.1.6.3 的规定。

GB 7718—2011《食品安全国家标准　预包装食品标签通则》4.1.6.3 规定：进口预包装食品应标示原产国国名或地区区名（如香港、澳门、台湾），以及在中国依法登记注册的代理商、进口商或经销者的名称、地址和联系方式，可不标示生产者的名称、地址和联系方式。

该标签中仅标示了产品原产国和进口商的名称，漏标示进口商的地址和联系方式。可选择标示在中国依法登记注册的代理商、进口商或经销者的名称、地址和联系方式，但必有其一。

七、日期标示

示例 49

品名	奶香面包（热加工）
净含量	80 克
配料	小麦粉、水、白砂糖、乳清粉、人造奶油、鸡蛋全蛋液、葡萄糖浆、酵母、食用盐、食品添加剂［复配面包改良剂（碳酸钙、双乙酰酒石酸单双甘油酯、维生素 C、木聚糖酶、α-淀粉酶、淀粉、白砂糖）丙酸钙、山梨糖醇、复配蛋糕乳化剂（山梨糖醇液、水、单，双甘油脂肪酸酯、丙二醇、聚甘油脂肪酸酯）］、食用香精
食品生产许可证号	QS3114 2401 ××××
产品标准代码	GB/T 20981
产地	上海市嘉定区
生产日期	2015 年 11 月 13 日
贮存条件	请置于干燥凉爽处、避免阳光直射。开袋后请即食用，以免受潮
生产商	上海 ×× 食品有限公司
地址	上海市嘉定区 ×× 镇 ×× 路 ×× 号
联系方式	021-××××××××

营养成分表

项目	每 100 克	营养素参考值 %
能量	1890 千焦	23%
蛋白质	10.2 克	17%
脂肪	27.5 克	46%
—反式脂肪酸	0 克	
碳水化合物	41.1 克	14%
钠	552 毫克	28%

【错误分析】

该标签未标示保质期，不符合 GB 7718—2011《食品安全国家标准　预包装食品标签通则》4.1.7.1 的规定。

GB 7718—2011《食品安全国家标准　预包装食品标签通则》4.1.7.1 规定：应清晰标示预包装食品的生产日期和保质期。如日期标示采用“见包装物某部位”的形式，应标示所在包装物的具体部位。日期标示不得另外加贴、补印或篡改（标示形式参见附录 C）。

该标签中只标示了生产日期漏标示保质期，具体标示形式可参见 GB 7718—2011《食品安全国家标准　预包装食品标签通则》附录 C.4：最好在……之前食（饮）用；……之前食（饮）用最佳；……之前最佳；此日期前最佳……；此日期前食（饮）用最佳……；保质期（至）……；保质期 ×× 个月（或 ×× 日，或 ×× 天，或 ×× 周，或 × 年）。

示例 50

×××× 牌黑加仑葡萄干	20151201 20170101	生产许可
配料：黑加仑葡萄干		
净含量：30 克		
保质期：见包装		
生产日期：见包装		
贮存条件：阴凉干燥处		
食品生产许可证编号：QS×××× 1702 ××××		
产品标准代号：NY/T705		
质量等级：一级		
分装商：深圳市 ×× 食品有限公司		
地址：深圳市龙岗区 ×× 街道 ×× 号		
联系方式：××××-××××××××		

【错误分析】

该标签上日期标示加贴，不符合 GB 7718—2011《食品安全国家标准　预包装食品标签通则》4.1.7.1 的规定。

GB 7718—2011《食品安全国家标准　预包装食品标签通则》4.1.7.1 规定：应清晰标示预包装食品的生产日期和保质期。如日期标示采用“见包装物某部位”的形式，应标示所在包装物的具体部位。日期标示不得另外加贴、补印或篡改（标示形式参见附录 C)。《食品安全国家标准　预包装食品标签通则》(GB 7718—2011) 问答（修订版）五十八“关于日期标示不得另外加贴、补印或篡改”的解释：本标准 4.1.7.1 条“日期标示不得另外加贴、补印或篡改”是指在已有的标签上通过加贴、补印等手段单独对日期进行篡改的行为。如果整个食品标签以不干胶形式制作，包括“生产日期”或“保质期”等日期内容，整个不干胶加贴在食品包装上符合本标准规定。

该标签将生产日期和保质期另外加贴，不符合标准要求规定。

示例 51

焙炒咖啡豆	净含量：454 克	
配料	咖啡豆	生产许可
生产日期	20/5/2015	
保质期	180 日	
质量等级	一级	
标准号	Q/××××1S	
许可证	QS××××2101××××	
贮存条件	避免阳光直射，开封后请密封保存于阴凉干燥环境	
生产商名称	上海 ×××× 食品有限公司	
地址	闵行区 ×× 路 ××× 号 × 幢 × 楼	
服务电话	400×××××××	

【错误分析】

该标签未注明日期标示顺序，不符合 GB 7718—2011《食品安全国家标准　预包装食品标签通则》4.1.7.3 的规定。

GB 7718—2011《食品安全国家标准　预包装食品标签通则》4.1.7.3 规定：应按年、月、日的顺序标示日期，如果不按此顺序标示，应注明日期标示顺序（标示形式参见附录 C）。

该标签中生产日期的标示未按年、月、日的顺序，应按标准要求注明日期标示顺序，如：20/5/2015（日 / 月 / 年）。

八、贮存条件

示例 52

名称	黑乌龙茶　乌龙茶饮料（无糖）
配料	水、乌龙茶叶、乌龙茶粉、食品添加剂（维生素 C、碳酸氢钠）
净含量	350ml
保质期	12 个月
消费者服务电话	400-×××-××××
生产日期	2015 年 04 月 03 日
产品标准号	GB/T 21733
食品生产许可证编号	QS31××0601××××
上海市××××食品有限公司生产	
上海市××区××路××号	
产地	上海市××区

营养成分表

项目	每 100ml	营养素参考值 %
能量	0 千焦（kJ）	0%
蛋白质	0 克（g）	0%
脂肪	0 克（g）	0%
碳水化合物	0 克（g）	0%
一糖	0 克（g）	
钠	18 毫克（mg）	1%

生产许可

【错误分析】

该标签未标示贮存条件，不符合 GB 7718—2011《食品安全国家标准　预包装食品标签通则》4.1.8 的规定。

GB 7718—2011《食品安全国家标准　预包装食品标签通则》4.1.8 规定：预包装食品标签应标示贮存条件（标示形式参见附录 C）。标示贮存条件时，可有引导词如“贮存条件”“存放条件”等，也可无引导词直接标示。

该标签中未标示贮存条件，应标示贮存条件，如“贮存条件：请保存于室温干燥处，避免阳光直晒及高温。”

九、食品生产许可证编号

示例 53

红茶　净含量：25 克		
配料	红茶	
生产日期	2016.2.2	
保质期	18 个月	
贮存条件	于阴凉干燥通风处	
生产商名称	上海 ×××× 食品有限公司	
地址	上海 ×× 路 ××× 号 × 幢 × 楼	QS 生产许可
电话	400×××××××	
执行标准	Q/EB×××××××	
生产许可证号	QS××××1402××××	

【错误分析】

该标签上食品生产许可证编号与产品真实属性不符，不符合 GB 7718—2011《食品安全国家标准　预包装食品标签通则》4.1.9 的规定。

GB 7718—2011《食品安全国家标准　预包装食品标签通则》4.1.9 规定：预包装食品标签应标示食品生产许可证编号的，标示形式按照相关规定执行。

该标签生产许可证号中间四位“1402”代表产品属性为茶制品，而根据该标签产品的配料等反应产品的真实属性为茶叶。

十、产品标准代号

示例 54

品名	果汁 Q 糖（葡萄味橡皮糖）
净含量	60 克
配料	麦芽糖浆、白砂糖、浓缩苹果汁、食品添加剂（明胶、山梨糖醇、柠檬酸、柠檬酸钠、果胶、胭脂红、亮蓝）、食用香精 苹果原果汁添加量不低于 5%
食品生产许可证号	QS31××1301××××
产品标准代号	SB 10021
产地	上海市
生产日期	2016 年 1 月 1 日
保质期	18 个月
贮存条件	请置于阴凉干燥处，避免阳光直射
生产商	上海 ×× 食品有限公司
地址	上海市 ×× 区 ×× 镇 ×× 路 ×× 号
联系方式	021-××××××××

营养成分表

项目	每 100 克	营养素参考值 %
能量	1403 千焦	17%
蛋白质	7.8 克	13%
脂肪	0 克	0%
碳水化合物	74.7 克	25%
钠	25 毫克	1%

【错误分析】

该标签产品标准代号标示不规范，不符合 GB 7718—2011《食品安全国家标准　预包装食品标签通则》4.1.10 的规定。

GB 7718—2011《食品安全国家标准　预包装食品标签通则》4.1.10 规定：在国内生产并在国内销售的预包装食品（不包括进口预包装食品）应标示产品所执行的标准代号和顺序号。

该标签产品执行标准为 SB/T 10021—2008《糖果　凝胶糖果》，标示的产品标准代号为“SB 10021”，漏标示“/T”，属于产品标准代号标示不规范。同理，如产品执行强制性标准，而产品执行标准代号标示“/T”也属于标示不规范。标示产品所执行的标准代号和顺序号，可以不标示年代号，但“/T”与否应标示正确。

示例 55

食品名称	苏式月饼	生产许可
净含量	80g	
保质期	7 天	
贮存条件	清洁、阴凉、干燥处，常温保存	
产品标准号	GB 19855	
加工方式	烘烤类热加工	
生产日期	2016 年 2 月 14 日	
配料表	小麦粉、赤豆沙（红豆、白砂糖、植物油、麦芽糖浆、生活饮用水）、生活饮用水、食用植物油、麦芽糖浆、白砂糖	
生产商	上海 ××× 食品有限公司	
地址	上海市浦东新区 ×× 镇 ×× 路 ×× 号 × 幢 × 楼	
食品产地	上海浦东新区	
电话	021-××××××××	
生产许可证	QS3115 2401 ××××	

营养成分表

项目	每 100 克	营养素参考值 %
能量	1850 千焦	22%
蛋白质	4.5 克	8%
脂肪	17.5 克	29%
碳水化合物	46.5 克	16%
钠	12 毫克	1%

【错误分析】

该标签引用作废标准，不符合 GB 7718—2011《食品安全国家标准　预包装食品标签通则》4.1.10 的规定。

GB 7718—2011《食品安全国家标准　预包装食品标签通则》4.1.10 规定：在国内生产并在国内销售的预包装食品（不包括进口预包装食品）应标示产品所执行的标准代号和顺序号。

产品执行标准 GB 19855—2005《月饼》于 2015 年 12 月 1 日作废，被 GB/T 19855—2015《月饼》代替，在 2015 年 12 月 1 日之后生产的产品都应执行 GB/T 19855—2015《月饼》，标签中产品标准代号标示“GB 19855”属于引用作废标准。

示例 56

产品名称：白酒	净含量：500ml
原料：大米 高粱 水	产品标准号：GB/T 20821
酒精度：53%vol	过量饮酒有害健康
生产日期：2012 年 12 月 18 日	置于阴凉干燥通风处
×××× 酿造有限公司	
地址：××××××	
售后服务热线：400111××××	

【错误分析】

该标签产品标准代号与产品真实属性不符，不符合 GB 7718—2011《食品安全国家标准　预包装食品标签通则》3.4 和 4.1.10 的规定。

GB 7718—2011《食品安全国家标准　预包装食品标签通则》3.4 规定：应真实、准确，不得以虚假、夸大、使消费者误解或欺骗性的文字、图形等方式介绍食品，也不得利用字号大小或色差误导消费者。4.1.10 规定：在国内生产并在国内销售的预包装食品（不包括进口预包装食品）应标示产品所执行的标准代号和顺序号。

GB/T 15109—2008《白酒工业术语》关于“液态法白酒”的解释为：以含淀粉、糖类的物质为原料，采用液态糖化、发酵、蒸馏所得的基酒（或食用酒精），可用香醅串香或用食品添加剂调味调香，勾调而成的白酒。固态法白酒则是以粮食为原料，采用固态（或半固态）糖化、发酵、蒸馆，经陈酿、勾兑而成，未添加食用酒精及非白酒发酵产生的呈香呈味物质，具有本品固有风格特征的白酒。

该标签产品是以大米、高粱等为原料的白酒，且另由该产品的生产工艺得知，该产品是采用固态糖化、发酵等加工工艺生产而得，属于固态法白酒，产品执行 GB/T 20821—2007《液态法白酒》属于引用标准与产品真实属性不符，标示信息不真实、准确；该标签产品应执行 GB/T 20822—2007《固液法白酒》。

十一、其他标示内容

1. 转基因食品

示例 57

食品名称	葵花籽食用调和油	生产许可
净含量	5L	
产品标准	SB/T 10292	
配料表	葵花籽油、玉米油、芝麻油、花生油、亚麻籽油	
保质期	18 个月	
生产日期	20150910	
质量等级	调和油	
贮存条件	存放于阴凉干燥处，开启后密闭保管	
生产者名称	上海市 ×× 油脂食品有限公司苏州分公司	
地址	江苏省苏州市 ×× 区 ×× 路 ×× 号	
食品生产许可证	QS3205 0201 ××××	
消费者服务热线	800-820-××××	

营养成分表

项目	每 100 克	营养素参考值 %
能量	3700 千焦	44%
蛋白质	0 克	0%
脂肪	100.0 克	167%
胆固醇	0 毫克	0%
碳水化合物	0 克	0%
钠	0 毫克	0%
维生素 E	24.80 毫克 α-生育酚当量	177%

【错误分析】

该标签未按相关法律、法规标示“转基因”，不符合 GB 7718—2011《食品安全国家标准　预包装食品标签通则》4.1.11.2 的规定。

GB 7718—2011《食品安全国家标准　预包装食品标签通则》4.1.11.2 规定：转基因食品的标示应符合相关法律、法规的规定。

当食品生产中使用有转基因成分配料，并在终产品中含有转基因成分，根据 GB 7718—2011《食品安全国家标准　预包装食品标签通则》4.1.11.2 及中华人民共和国农业部令第 10 号《农业转基因生物标识管理办法》第三条，应在标签上做相关标示。

该标签中的产品经实物质量检测含有转基因成分，即产品配料中有转基因原料，则应在产品标签上加以标示，如加工原料为转基因玉米。

2. 质量（品质）等级

示例 58

食品名称	腊肠	
配料	猪腿肉、猪白膘、白砂糖、酿造酱油、白酒、食盐、人造蛋白肠衣、味精、亚硝酸钠	
生产商	上海 ×× 食品有限公司	
地址	上海市 ×× 区 ×× 路 × 号	
电话（传真）	021-×××××（××××）	
生产日期	见封口喷码	
保质期	常温 90 天	
贮存条件	存放于阴凉干燥处。启封后即食，不宜久放	
执行标准	GB/T 23493	生产许可
食用方法	沸水隔水蒸 15 分钟，即可食用	
净含量	500 克	
食品生产许可证编号	QS××××0401××××	

营养成分表

项目	每 100 克	营养素参考值 %
能量	1002kJ	12%
蛋白质	21.0g	35%
脂肪	12.5g	21%
碳水化合物	5.2g	2%
钠	226mg	11%

【错误分析】

该标签未标示质量等级，不符合 GB 7718—2011《食品安全国家标准　预包装食品标签通则》4.1.11.4 的规定。

GB 7718—2011《食品安全国家标准　预包装食品标签通则》4.1.11.4 规定：食品所执行的相应产品标准已明确规定质量（品质）等级的，应标示质量（品质）等级。

该标签产品执行标准 GB/T 23493—2009《中式香肠》中明确规定有特级、优级、普通级，标签中应当标明质量等级。

示例 59

食品名称	大红枣	
配料	红枣	
分装商	上海 ×× 食品有限公司	
地址	上海市 ×× 区 ×× 路 × 号	
电话（传真）	021-×××××（××××）	
生产日期	见封口喷码	
保质期	常温 180 天	
贮存条件	存放于阴凉干燥处	
执行标准	GB/T 5835	生产许可
质量等级	合格品	
净含量	500 克	
食品生产许可证编号	QS××××1702××××	

【错误分析】

该标签质量等级标示不规范，不符合 GB 7718—2011《食品安全国家标准　预包装食品标签通则》4.1.11.4 的规定。

GB 7718—2011《食品安全国家标准　预包装食品标签通则》4.1.11.4 规定：食品所执行的相应产品标准已明确规定质量（品质）等级的，应标示质量（品质）等级。

该标签产品执行标准 GB/T 5835—2009《干制红枣》对干制大红枣按等级规格分为：一等、二等、三等，该标签示例标示质量等级“合格品”属于质量等级标示不规范。

十二、营养标签

1. 基本要求

示例 60

食品名称	黑木耳	生产许可
配料表	黑木耳	
净含量	250g	
保质期	12 个月	
贮存条件	常温置于阴凉干燥、避光处	
产品标准号	GB/T 6192	
生产日期	2015 年 12 月 10 日	
生产商名称	上海市 ×× 食品厂（分装）	
地址	上海市 ×× 路 ×× 号	
电话	021-××××××××	
生产许可证	QS3112 0601 ××××	
质量等级	二级	

营养成分表

项目	每 100 克	营养素参考值 %
能量	205 千焦	2%
蛋白质	12.0 克	20%
脂肪	1.0 克	2%
碳水化合物	35.7 克	12%
钠	48 毫克	2%

【错误分析】

该标签能量数值标示不真实、客观，不符合 GB 28050—2011《食品安全国家标准　预包装食品营养标签通则》3.1 的规定。

《预包装食品营养标签通则》(GB 28050—2011) 问答 (修订版) (二十三)"关于能量及其折算"的解释为：能量指食品中蛋白质、脂肪、碳水化合物等产能营养素在人体代谢中产生能量的总和。营养标签上标示的能量主要由计算法获得。即蛋白质、脂肪、碳水化合物等产能营养素的含量乘以各自相应的能量系数 (见表 2) 并进行加和，能量值以千焦 (kJ) 为单位标示。当产品营养标签中标示核心营养素以外的其他产能营养素如膳食纤维等，还应计算膳食纤维等提供的能量；未标注其他产能营养素时，在计算能量时可以不包括其提供的能量。

表 2　食品中产能营养素的能量折算系数

成分	能量折算系数 / (kJ/g)	成分	能量折算系数 / (kJ/g)
蛋白质	17	乙醇 (酒精)	29
脂肪	37	有机酸	13
碳水化合物	17	膳食纤维 *	8

* 包括膳食纤维的单体成分，如不消化的低聚糖、不消化淀粉、抗性糊精等，也按照 8kJ/g 折算。

该标签中的能量折算值为：蛋白质 ×17+ 脂肪 ×37+ 碳水化合物 ×17=12.0×17+1.0×37+35.7×17=847.9kJ/100g，而案例中能量的标示值仅为 205kJ/100g，与折算值差距太大，能量数值标示不真实、客观。

GB 28050—2011《食品安全国家标准　预包装食品营养标签通则》第 7 章"豁免强制标示营养标签的预包装食品"规定：

下列预包装食品豁免强制标示营养标签：

——生鲜食品，如包装的生肉、生鱼、生蔬菜和水果、禽蛋等；

——乙醇含量≥ 0.5% 的饮料酒类；

——包装总表面积≤ $100cm^2$ 或最大表面面积≤ $20cm^2$ 的食品；

——现制现售的食品；

——包装的饮用水；

——每日食用量≤ 10g 或 10mL 的预包装食品；

——其他法律法规标准规定可以不标示营养标签的预包装食品。

豁免强制标示营养标签的预包装食品，如果在其包装上出现任何营养信息时，应按照本标准执行。

《预包装食品营养标签通则》(GB 28050—2011) 问答 (修订版) (九)"关于生鲜食品"的解释：是指预先定量包装的、未经烹煮、未添加其他配料的生肉、生鱼、生蔬菜和水果等，如袋装鲜（或冻）虾、肉、鱼或鱼块、肉块、肉馅等。此外，未添加其他配料的干制品类，如干蘑菇、木耳、干水果、干蔬菜等，以及生鲜蛋类等，也属于本标准中生鲜食品的范围。但是，预包装速冻面米制品和冷冻调理食品不属于豁免范围，如速冻饺子、包子、汤圆、虾丸等。

标签产品“黑木耳”属于可豁免强制标示营养标签的生鲜产品，可以不标示营养成分表，但根据 GB 28050—2011《食品安全国家标准　预包装食品营养标签通则》7 规定：豁免强制标示营养标签的预包装食品，如果在其包装上出现任何营养信息时，应按照本标准执行。

示例 61

蜂蜜	净含量：250g	生产许可
配料表	蜂蜜	
产品标准号	GB 14963	
食品生产许可证编号	QS××××2601××××	
生产日期	2015 年 12 月 10 日	
保质期	12 个月	
贮存条件	请存放于干燥阴凉处	
食用方法	直接食用或按 1：5 比例用温水冲服	
生产商	上海 ×××× 食品有限公司	
地址	上海市奉贤区 ×× 路 ×× 号 ×× 幢	
电话	021-××××××××	
产地	上海市奉贤区	

营养成分表
nutrition information

项目 items	每 per100g	NRV%
能量 energy	525kJ	20%
蛋白质 protein	0g	0%
脂肪 fat	0g	0%
碳水化合物 carbohydrate	29.4g	10%
钠 sodium	40mg	2%

【错误分析】

该标签营养标签中外文字号大于中文字号，不符合 GB 28050—2011《食品安全国家标准　预包装食品营养标签通则》3.2 的规定。

GB 28050—2011《食品安全国家标准　预包装食品营养标签通则》3.2 规定：预包装食品营养标签应使用中文。如同时使用外文标示的，其内容应当与中文相对应，外文字号不得大于中文字号。

该标签营养标签中同时使用了中文和外文，但外文字号大于中文字号，不符合标准要求。

示例 62

<table>
<tr><td colspan="3">× × 凤梨酥（烘烤类糕点） 净含量：140 克</td></tr>
<tr><td>配料表</td><td colspan="2">土凤梨酱（凤梨、白砂糖、精炼植物油、水、食用香精）、小麦粉、黄油、鲜鸡全蛋液、白砂糖、全脂奶粉、月饼糖浆（水、麦芽糖、低聚果糖、结晶果糖、蔗糖）、低聚果糖、食用盐、复配膨松剂（碳酸氢钠、焦磷酸二氢二钠、磷酸氢钙、玉米淀粉）</td></tr>
<tr><td>生产日期</td><td colspan="2">20150814</td></tr>
<tr><td>产品标准号</td><td colspan="2">GB/T 20977（热加工）</td></tr>
<tr><td>保质期</td><td colspan="2">30 天</td></tr>
<tr><td>生产商</td><td>上海 × × × × 食品有限公司</td><td rowspan="7">生产许可</td></tr>
<tr><td>产地</td><td>上海市</td></tr>
<tr><td>地址</td><td>上海市青浦区 × × 路 × × 号</td></tr>
<tr><td>电话</td><td>（021）× × × × × × × ×</td></tr>
<tr><td>贮存条件</td><td>请在常温 25℃以下保存，如温度≥ 25℃需在冷藏条件下保存</td></tr>
<tr><td>食品生产许可证编号</td><td>QS3118 2401 × × × ×</td></tr>
<tr><td>提醒</td><td>1. 致敏物质含有小麦粉、鸡蛋、乳制品！
2. 包装内脱氧剂不可食用，请远离儿童！</td></tr>
</table>

营养成份表

项目	每 100 克	营养素参考值 %
能量	1784 千焦	21%
蛋白质	4.4 克	7%
脂肪	17.7 克	30%
碳水化合物	60.2 克	20%
钠	60 毫克	3%

【错误分析】

该标签营养成分表表题书写错误（营养成份表），不符合 GB 28050—2011《食品安全国家标准　预包装食品营养标签通则》3.3 的规定。

GB 28050—2011《食品安全国家标准　预包装食品营养标签通则》3.3 规定：营养成分表应以一个“方框表”的形式表示（特殊情况除外），方框可为任意尺寸，并与包装的基线垂直，表题为“营养成分表”。

该营养标签表题“营养成份表”中的“份”字标示错误，应改为“分”。同理，表题标示“营养标签”“营养元素”等都属于营养成分表表题标示不规范，都应标示

"营养成分表"。

示例 63

食品名称	乳矿物盐复合固体饮料
食品类型	风味固体饮料
净含量	150 克
产品标准	GB/T 29602
配料表	葡萄糖、乳矿物盐、全脂奶粉、菊粉
食用方法	将 5~8 克产品倒入杯中，加入约 100ml 的温水，搅拌均匀即后饮用
生产日期	2015-12-22
保质期	24 个月
贮存条件	请放在避光、阴凉干燥处保存
生产者名称	上海市 ×× 食品有限公司
地址	上海市 ×× 区 ×× 路 ×× 号
食品生产许可证	QS31×× 0601 ××××
联系方式	021-××××××××

营养成分表

项目	每 100 克	营养素参考值 %
能量	≥ 1365kJ	≥ 16%
蛋白质	≥ 7.2g	≥ 12%
脂肪	≤ 0.7g	≤ 1%
碳水化合物	≥ 71.1g	≥ 24%
膳食纤维	≥ 0.6g	≥ 2%
钠	100mg-160mg	5-8%
钙	≥ 1000mg	≥ 125%

【错误分析】

该标签营养成分表达方式标示不规范，不符合 GB 28050—2011《食品安全国家标准　预包装食品营养标签通则》3.4 和 6.1 的规定。

GB 28050—2011《食品安全国家标准　预包装食品营养标签通则》3.4 规定：食品营养成分含量应以具体数值标示。6.1 规定：预包装食品中能量和营养成分的含量应以每 100 克（g）和（或）每 100 毫升（mL）和（或）每份食品可食部中的具体数值来标示。

营养成分的含量只能使用具体的含量数值，不能使用范围值标示，如"≤ ××""≥ ××""××－××"等。

2. 强制标示内容

示例 64

产品名称	儿童牛奶	
配料表	生牛奶，白砂糖，乳矿物盐，酪蛋白磷酸肽，维生素 D_3，食品添加剂（黄原胶，结冷胶），食用香精	
净含量	200ml	
产品标准代号	GB 25191	
生产日期	2015.12.4	
保质期	6 个月	生产许可
贮存条件	常温保存	
食品生产许可证	QS×××× 0501 ××××	
生产者	×××× 食品有限公司	
生产地址	××省××市××路××号	
联系方式	××××-××××××××	
产地	××省××市	

营养成分表

项目	每份（每份为 200 毫升）	营养素参考值 %
能量	600 千焦	7%
蛋白质	4.8 克	8%
脂肪	5.6 克	9%
碳水化合物	18.3 克	6%
钠	136 毫克	7%
维生素 D	2.6 微克	52%
钙	160 毫克	20%
酪蛋白磷酸肽	5.2 毫克	

【错误分析】

该标签能量和核心营养素的标示未更加醒目，不符合 GB 28050—2011《食品安全国家标准　预包装食品营养标签通则》4.1 的规定。

GB 28050—2011《食品安全国家标准　预包装食品营养标签通则》4.1 规定：当标示其他成分时，应采取适当形式使能量和核心营养素的标示更加醒目。

《预包装食品营养标签通则》（GB 28050—2011）问答（修订版）（三十一）“如何使能量与核心营养素标示醒目”的解释为：使能量与核心营养素标示更加醒目的方法推荐有（1）增大字号，（2）改变字体（如斜体、加粗、加黑），（3）改变颜色

（字体或背景颜色），（4）改变对齐方式或其他方式。

该标签中未将能量和核心营养素的标示与其他成分有所区别，应采取适当方式使能量和核心营养素更加醒目。

示例 65

产品名称	富硒大米
配料	大米
净含量	2.5kg
质量等级	一级
执行标准	GB 1354—2009
生产日期	2015 年 ×× 月 ×× 日
保质期	六个月
贮存方法	阴凉、干燥、通风处
生产许可证	QS×××× 0102 ××××
生产商	上海 ×××××× 有限公司
生产地址	上海市 ×× 区 ×× 路 ×× 号
电话	021-××××××××

营养成分表

项目	每 100g	NRV%
能量	1440 千焦（kJ）	17%
蛋白质	6.8 克（g）	11%
脂肪	0 克（g）	0%
碳水化合物	76.0 克（g）	25%
钠	0 毫克（mg）	0%

生产许可

【错误分析】

该标签未标示营养声称的营养成分（硒）的含量及其占营养素参考值（NRV）的百分比，不符合 GB 28050—2011《食品安全国家标准　预包装食品营养标签通则》4.2 的规定。

GB 28050—2011《食品安全国家标准　预包装食品营养标签通则》4.2 规定：对除能量和核心营养素外的其他营养成分进行营养声称或营养成分功能声称时，在营养成分表中还应标示出该营养成分的含量及其占营养素参考值（NRV）的百分比。

该标签产品名称“富硒大米”中“富硒”属于营养声称，需要在营养成分表中标示“硒”的含量及其占营养素参考值（NRV）的百分比。

示例 66

橙汁	橙汁含量 100%		
配料	水、浓缩橙汁		
净含量	250 毫升		
保质期	十二个月		
贮存条件	避免阳光直晒及高温		
产品标准号	GB/T 21731		
生产日期	2015 年 12 月 19 日		
生产商	上海市 ×× 饮料有限公司		
地址	上海市 ×× 路 ×× 号		
电话	021-××××××××		
生产许可证	QS3115 0601 ××××		

生产许可

营养成分表

项目	每 100 毫升	营养素参考值 %
能量	204 千焦	2%
蛋白质	0 克	0%
脂肪	0 克	0%
碳水化合物	12.0 克	4%
钠	0 毫克	0%

维生素 C 可以促进铁的吸收。

维生素 C 有抗氧化作用。

【错误分析】

该标签未标示功能声称的营养成分（维生素 C）的含量及其占营养素参考值（NRV）的百分比，不符合 GB 28050—2011《食品安全国家标准　预包装食品营养标签通则》4.2 的规定。

同示例 65 分析，该标签产品标示“维生素 C 可以促进铁的吸收。维生素 C 有抗氧化作用。”是对营养成分“维生素 C”进行功能声称，需要在营养成分表中标示“维生素 C”的含量及其占营养素参考值（NRV）的百分比。

示例 67

钙强化蛋白型固体饮料	净含量：150g
配料表	乳清蛋白粉、麦芽糊精、低聚半乳糖、磷酸钙、维生素 D
产品类型	其他蛋白固体饮料
产品标准号	GB/T 29602
食品生产许可证编号	QS××××0601××××
生产日期	2015 年 12 月 10 日
保质期	12 个月
贮存条件	请存放于干燥阴凉处
食用方法	食用时按 1：5 比例用温水冲服
生产商	上海 ×××× 食品有限公司
地址	上海市奉贤区 ×× 路 ×× 号 ×× 幢
电话	021-×××××××
产地	上海市奉贤区

生产许可

营养成分表

项目	每 100g	NRV%
能量	1583kJ	19%
蛋白质	11.9g	20%
脂肪	0g	0%
碳水化合物	74.5g	25%
钠	40mg	2%
钙	1000mg	125%

【错误分析】

该标签未标示营养强化剂（维生素 D）的含量值及其占营养素参考值（NRV）的百分比，不符合 GB 28050—2011《食品安全国家标准　预包装食品营养标签通则》4.3 的规定。

GB 28050—2011《食品安全国家标准　预包装食品营养标签通则》4.3 规定：使用了营养强化剂的预包装食品，除 4.1 的要求外，在营养成分表中还应标示强化后食品中该营养成分的含量值及其占营养素参考值（NRV）的百分比。

该标签产品在生产过程中使用了营养强化剂“维生素 D”，并在配料表中标注，应在营养成分表中标示维生素 D 含量值及其占营养素参考值（NRV）的百分比。

示例 68

食品名称	曲奇饼干	
配料表	小麦粉、植物油、白砂糖、乳清粉、起酥油（含氢化部分）、食用盐、鸡精调味料、食品添加剂（碳酸氢铵、碳酸氢钠）、食用香精	
净含量	200g	
生产者名称	上海 ×× 食品有限公司	
地址	上海市 ×× 区 ×× 路 × 号	
电话（传真）	021-×××××（××××）	
生产日期	标示于封口处	
保质期	210 天	
贮存条件	常温，置于阴凉干燥处	生产许可
产品标准号	GB/T 20980	
产地	上海市 ×× 区	
食品生产许可证编号	QS 3110 0801××××	

营养成分表

项目	每 100 克	营养素参考值 %
能量	2251 千焦	27%
蛋白质	6.8 克	11%
脂肪	29.6 克	49%
碳水化合物	61.0 克	20%
钠	428 毫克	21%

【错误分析】

该标签未标示反式脂肪（酸）的含量，不符合 GB 28050—2011《食品安全国家标准　预包装食品营养标签通则》4.4 的规定。

GB 28050—2011《食品安全国家标准　预包装食品营养标签通则》4.4 规定：食品配料含有或生产过程中使用氢化和（或）部分氢化油脂时，在营养成分表中还应标示出反式脂肪（酸）的含量。

《预包装食品营养标签通则》（GB 28050—2011）问答（修订版）（二十九）“关于反式脂肪酸”的解释：反式脂肪酸是油脂加工中产生的含 1 个或 1 个以上非共轭反式双键的不饱和脂肪酸的总和，不包括天然反式脂肪酸。在食品配料中含有或生产过程中使用了氢化和（或）部分氢化油脂时，应标示反式脂肪（酸）含量。配料中含有以氢化油和（或）部分氢化油为主要原料的产品，如人造奶油、起酥油、植脂末和代可可脂等，也应标示反式脂肪（酸）含量，但是若上述产品中未使用氢化油的，可由企业自行选择是否标示反式脂肪酸含量。食品中天然存在的反式脂肪酸不要求强制标示，企业可以自愿选择是否标示。若企业对反式脂肪酸进行声称，则需要强制标示出其含量，并且必须符合标准中的声称要求。

该标签配料中使用了含氢化部分的起酥油，要在标签上标示反式脂肪（酸）的含量。

示例 69

食品名称	青团（冷加工）	生产许可
配料表	糯米粉、麦芽糖浆、赤豆沙（红豆、白砂糖、植物油、麦芽糖浆、生活饮用水）、麦苗汁（生活饮用水、小麦苗、食品添加剂：氢氧化钙）、白砂糖、食用植物油	
净含量	250g	
保质期	5 天	
贮存条件	清洁、阴凉、干燥处，常温保存	
产品标准号	DB 31/2001—2012	
加工方式	蒸煮类冷加工	
生产日期	2015 年 12 月 14 日	
生产商	上海 ×× 食品有限公司	
地址	上海市浦东新区 ×× 镇 ×× 路 ×× 号 × 幢 × 楼	
食品产地	上海浦东新区	
电话	021-××××××××	
生产许可证	QS3115 2401 ××××	

营养成分表

项目	每 100 克	营养素参考值 %
能量	1023 千焦	12%
蛋白质	1.7 克	3%
脂肪	2.5 克	4%
反式脂肪酸	0 克	0%
碳水化合物	72.2 克	24%
钠	63 毫克	3%

【错误分析】

该标签营养成分(反式脂肪酸)NRV% 标示不规范，不符合 GB 28050—2011《食品安全国家标准 预包装食品营养标签通则》4.5 的规定。

GB 28050—2011《食品安全国家标准 预包装食品营养标签通则》4.5 规定：上述未规定营养素参考值(NRV)的营养成分仅需标示含量。GB 28050—2011《食品安全国家标准 预包装食品营养标签通则》附录 A 表 A.1 未规定反式脂肪酸营养素参考值(NRV)。《预包装食品营养标签通则》(GB 28050—2011)问答(修订版)(三十七)“关于未规定 NRV 的营养成分”的解释为：对于未规定 NRV 的营养成分，其‘NRV’可以空白，也可以用斜线、横线等方式表达。

该标签反式脂肪酸 NRV% 值应标示为空白或“/”或“–”等。

3. 可选择标示内容

示例 70

鲜牛奶

配料	生牛乳
净含量	500ml
产品类型	巴氏杀菌乳
执行标准	GB 19645
生产日期	2015 年 ×× 月 ×× 日
保质期	15 天
贮存方法	置冰箱冷藏保存
生产许可证编号	QS×××× 0102 ××××
生产商	上海 ×××××× 有限公司
生产地址	上海市 ×× 区 ×× 路 ×× 号
电话	021-××××××××

营养成分表

项目	每 100ml	NRV%
能量	261 千焦(kJ)	3%
蛋白质	3.0 克(g)	5%
脂肪	3.6 克(g)	6%
碳水化合物	4.5 克(g)	2%
钠	50 毫克(mg)	3%
非脂乳固体	8.5 克(g)	/

生产许可

【错误分析】

该标签在营养成分表中标示了非营养成分的内容，不符合 GB 28050—2011《食品安全国家标准 预包装食品营养标签通则》第 4 章和第 5 章的规定。

GB 28050—2011《食品安全国家标准 预包装食品营养标签通则》2.3 规定：

食品中的营养素和除营养素以外的具有营养和（或）生理功能的其他食物成分。各营养成分的定义可参照 GB/Z 21922《食品营养成分基本术语》。

非脂乳固体不属于营养标签标准中规定的营养成分，不应在营养标签的营养成分表中标示。如企业认为此类参数有必要在标签上标示，可以将其标示在营养成分表之外。

示例 71

名称	低糖活性乳酸菌饮品（甜橙味）
净含量	100ml
配料	水、结晶果糖、脱脂乳粉、木糖醇、白砂糖、菊粉、葡萄糖、果胶、可溶性大豆多糖、浓缩橙汁、乳酸、甜菊糖苷、三氯蔗糖、干酪乳杆菌、食用香料
贮存条件	冷藏于 0℃ ~7℃
保质期	21 天
生产日期	2015 年 10 月 4 日
产地	浙江省杭州市
产品标准代号	Q/××××0001S
生产许可证编号	QS3301 0601 ××××
生产者名称	杭州 ×× 食品有限公司生产
地址	杭州市 ×× 区 ×× 路 ×× 号
消费者健康服务热线	0571-××××××××

营养成分表

项目	每 100ml	营养素参考值 %
能量	153kJ	2%
蛋白质	0.8g	1%
脂肪	0g	0%
碳水化合物	8.2g	3%
钠	16mg	1%

【错误分析】

该标签营养成分（糖）的含量声称（低糖）不符合要求和限制条件，不符合 GB 28050—2011《食品安全国家标准　预包装食品营养标签通则》5.2 的规定。

GB 28050—2011《食品安全国家标准　预包装食品营养标签通则》5.2 规定：当某营养成分含量标示值符合表 C.1 的含量要求和限制性条件时，可对该成分进行含量声称，声称方式见表 C.1。附录 C 中表 C.1 规定：碳水化合物（糖）标示低糖时的含量要求为≤ 5g/100g（固体）或 100ml（液体）。

该标签产品名称“低糖活性乳酸菌饮品（甜橙味）”中的“低糖”属于营养声称，营养成分表中碳水化合物的含量标示值为 8.2g/100ml，不符合标示低糖的含量要求。但若产品标签意欲表达的信息为碳水化合物中糖的含量满足含量声称的含量要求，可在营养成分表的碳水化合物下面加标示糖的含量，且糖的标示值≤5g/100ml 时才可声称“低糖”。

示例 72

食品名称	浓咖啡饮料
配料	水、白砂糖、全脂奶粉、咖啡粉、食品添加剂（碳酸氢钠、蔗糖脂肪酸酯、羧甲基纤维素钠）
净含量	480 毫升
保质期	9 个月
贮存条件	室温干燥
产品标准号	GB/T 30767
生产日期	2015 年 12 月 11 日
生产商	上海市 ×××× 食品厂
地址	上海市 ×× 路 ×× 号
电话	021-××××××××
生产许可证	QS3115 0601 ××××
低能量饮料	

生产许可

营养成分表

项目	每 100 毫升	营养素参考值 %
能量	135 千焦	2%
蛋白质	0.6 克	1%
脂肪	0.7 克	1%
碳水化合物	6.0 克	2%
钠	47 毫克	2%

【错误分析】

该标签能量标示值不符合含量声称的要求和限制条件，不符合 GB 28050—2011《食品安全国家标准　预包装食品营养标签通则》5.2 的规定。

GB 28050—2011《食品安全国家标准　预包装食品营养标签通则》5.2 及附录 C 中表 C.1 规定：液体产品能量≤ 80kJ/100ml 才可声称为“低能量”。

该标签中能量标示值为“135kJ/100ml”，不符合低能量含量要求和限制条件，不可以声称“低能量饮料”。

示例 73

名称	腌渍萝卜　　　低盐
配料	萝卜、水、食用盐、苯甲酸钠
净含量	300 克　　固形物 230 克
保质期	18 个月
消费者服务电话	400-×××-××××
生产日期	2015.12.28
产品标准号	SB/T 10439
食品生产许可证编号	QS31×× 1601 ××××
上海市 ×××× 食品有限公司生产	
上海市 ×× 区 ×× 路 ×× 号	
贮存条件	常温避光阴凉处

营养成分表（每份 30 克）

项目	每份	营养素参考值 %
能量	35 千焦（kJ）	0%
蛋白质	0.4 克（g）	1%
脂肪	0.3 克（g）	1%
碳水化合物	0.5 克（g）	0%
钠	112 毫克（mg）	6%

【错误分析】

该标签营养成分（钠）含量标示值不符合含量声称（低盐）的要求和限制条件，不符合 GB 28050—2011《食品安全国家标准　预包装食品营养标签通则》5.2 的规定。

GB 28050—2011 附录 C 中表 C.1 备注规定：用“份”作为食品计量单位时，也应符合 100g（mL）的含量要求才可以进行声称。

《预包装食品营养标签通则》（GB 28050—2011）问答（修订版）（六十四）“按‘份’标示营养成分含量时，可否按‘份’进行含量声称”的解释为：不可以。企业可以用“份”标示营养成分含量，但对营养成分进行含量声称时，应满足相应每 100g 或每 100mL 的含量要求。同时，由于按“份”标示时，标示值会经过多次修约，因此建议不能仅以简单的倒推方式判断其是否符合含量声称要求。

该标签产品标示“低盐”是对“钠”的声称，要符合钠≤120mg/100g 或 100ml 才可以进行“低盐”声称，该标签中营养标签用“份”作为计量单位，每 30g 钠含量达到 112mg，当每 100g 时钠含量远远达不到“低盐”声称要求，故不可以进行“低盐”声称。

示例 74

中老年燕麦片　　净含量 / 规格：600 克	
产品标准号	Q/××××0001S－2014
生产日期	2015.12.09
保质期	12 个月
贮存条件	置于阴凉干燥处
产品介绍	低糖配方，富含多种矿物质
配料	燕麦、核桃粉（核桃仁、白砂糖、麦芽糊精）、扁桃仁、碳酸钙、食用香精
生产商	上海 ××× 食品有限公司
地址	上海市 ×× 区 ×× 路 ×× 号
产地	上海市 ×× 区
电话	021-××××××××
生产许可证	QS×××× 0701 ××××

生产许可

营养成分表

项目	每 100 克	营养素参考值 %
能量	1638kJ	20%
蛋白质	14.3g	24%
脂肪	10.8g	18%
碳水化合物	52.8g	18%
糖	3.0g	
钠	20mg	1%
钙	578mg	72%
铁	2.0mg	13%

【错误分析】

该标签未达到“富含多种矿物质”的声称要求，不符合 GB 28050—2011《食品安全国家标准　预包装食品营养标签通则》附录 C 中表 C.1 的规定。

GB 28050—2011《食品安全国家标准　预包装食品营养标签通则》附录 C 中表 C.1 规定：富含“多种矿物质”指 3 种和（或）3 种以上矿物质含量符合“富含”的声称要求。矿物质（不包括钠）高，或富含声称要求：每 100g 中≥ 30%NRV；每 100mL 中≥ 15%NRV 或每 420kJ 中≥ 10%NRV。

该标签营养成分表中矿物质（不包含钠）只标示了“钙”和“铁”的含量和 NRV%，不符合“多种矿物质”要求的 3 种和（或)3 种以上矿物质；并且该标签中“铁”的含量也达不到声称“富含”的要求。所以此产品不可以声称“富含多种矿物质”。

示例 75

<table>
<tr><td colspan="2">孕妇奶粉
富含多种维生，富含蛋白质、高铁、高钙、高锌，富含叶酸、复合益生元（FOS、GOS）</td></tr>
<tr><td colspan="2">净含量：900 克</td></tr>
<tr><td colspan="2">配料表：脱脂乳粉、全脂乳粉、脱盐乳清粉、植物油（大豆油）、乳清蛋白粉、低聚半乳糖（GOS）、低聚果糖（FOS）、二十二碳六烯酸（DHA）、无水奶油；食品添加剂：磷脂；
维生素：维生素 A（醋酸视黄酯）、维生素 D（胆钙化醇）、维生素 E（dl-α-醋酸生育酚）、维生素 B_1（硝酸硫胺素）、维生素 B_2（核黄素）、维生素 B_6（盐酸吡哆醇）、维生素 C（L-抗坏血酸）、烟酰胺、叶酸、泛酸（D-泛酸钙）；矿物质：硫酸亚铁、硫酸锌</td></tr>
<tr><td colspan="2">食用建议：建议 2 次 / 天，早晚各一次</td></tr>
<tr><td colspan="2">产品类型：调制乳粉</td></tr>
<tr><td colspan="2">贮存条件：请置于阴凉干燥处贮存。开封后，应封紧包装口</td></tr>
<tr><td colspan="2">叶酸有助于胎儿大脑和神经系统的正常发育，有助于红细胞形成</td></tr>
<tr><td colspan="2">维生素 C 有助于维持骨骼、牙龈的健康。维生素 C 可以促进铁的吸收。维生素 C 有抗氧化作用</td></tr>
<tr><td>江苏省 ××××× 乳业有限公司生产</td><td rowspan="7"></td></tr>
<tr><td>江苏省 ×× 市 ×× 区 ×× 路 ×× 号</td></tr>
<tr><td>联系方式：××××-×××××××××</td></tr>
<tr><td>食品生产许可证编号：QS×××× 0501 ××××</td></tr>
<tr><td>产品标准代号：Q/×××× 0001S</td></tr>
<tr><td>生产日期：201× 年 ×× 月 ×× 日</td></tr>
<tr><td>保质期：12 个月</td></tr>
</table>

营养成分表

项目	每 100g	营养素参考值（NRV）%
能量	1835kJ	22 %
蛋白质	22.0g	37%
脂肪	14.0g	23%
碳水化合物	55.0g	18%
钠	370mg	19%
维生素 A	600μgRE	75%
维生素 D	7.0μg	140%
维生素 E	6.05mgα-TE	43%
维生素 B_1	1.05 mg	75%
维生素 B_2	1.50mg	107%
维生素 B_6	1.35 mg	96%
维生素 C	90.0mg	90%
烟酰胺	4.90 mg	35%
叶酸	550μgDFE	138%
泛酸	4.00mg	80%
镁	40mg	13%
钙	750 mg	94%
铁	19.0 mg	127%
锌	7.50mg	50%
低聚果糖（FOS）	600.0mg	/
低聚半乳糖（GOS）	480.0mg	/
二十二碳六烯酸（DHA）	35.0 mg	/

【错误分析】

该标签叶酸营养功能声称用语标示不规范，不符合 GB 28050—2011《食品安全国家标准　预包装食品营养标签通则》5.3 的规定。

GB 28050—2011《食品安全国家标准　预包装食品营养标签通则》5.3 规定：当某营养成分的含量标示值符合含量声称或比较声称的要求和条件时，可使用附录 D 中相应的一条或多条营养成分功能声称标准用语。不应对功能声称用语进行任何形式的删改、添加和合并。

该标签中“叶酸”和“维生素 C”的含量标示值都符合含量声称的要求和条件，可以对其进行功能声称，但“叶酸”将附录 D 中对叶酸多条功能声称标准用语进行合并，其标示方式不规范，正确规范的标示应参照示例中“维生素 C”的标示模式，完全按照附录 D 中标示：“叶酸有助于胎儿大脑和神经系统的正常发育。叶酸有助于红细胞形成。”

4. 营养成分的表达方式

示例 76

品名	油炸方便面
净含量	面饼 + 配料 120 克　　面饼 100 克
配料	面饼：小麦粉、棕榈油、淀粉、食用盐、大蒜混合液（大蒜、麦芽糊精、食用盐）、食用香精、食品添加剂（醋酸酯淀粉、碳酸钾、碳酸钠、六偏磷酸钠、三聚磷酸钠、焦磷酸钠、磷酸二氢钠、聚甘油脂肪酸酯、单甘油脂肪酸酯、栀子黄、茶多酚、柠檬黄） 调味包：牛肉粉调味料（牛骨提取物、洋葱、牛肉、麦芽糖浆）、食用盐、味精、辣椒粉、白砂糖、水解植物蛋白、香辛料 蔬菜包：脱水青葱、脱水香菇、脱水胡萝卜、脱水辣椒
食品生产许可证号	QS××××0701 ××××
产品标准代码	GB 17400
产地	上海市
生产日期	2015 年 12 月 22 日
保质期	6 个月
贮存条件	阴凉干燥处
生产商	上海 ×× 食品有限公司
地址	上海市 ×× 镇 ×× 路 ×× 号
联系方式	021-××××××××

营养成分表

项目	每 100 克面饼	营养素参考值 %
能量	1827 千焦	22%
蛋白质	8.0 克	13%
脂肪	15.0 克	25%
碳水化合物	66.8 克	22%
钠	1277 毫克	64%

【错误分析】

该标签能量和营养成分的含量未标示食品可食部中的具体数值，不符合GB 28050—2011《食品安全国家标准 预包装食品营养标签通则》6.1 的规定。

GB 28050—2011《食品安全国家标准 预包装食品营养标签通则》6.1 规定：预包装食品中能量和营养成分的含量应以每 100 克（g）和（或）每 100 毫升（mL）和（或）每份食品可食部中的具体数值来标示。

《预包装食品营养标签通则》（GB 28050—2011）问答（修订版）（四十五）“销售单元内包含多种不同食品时，外包装上如何标示”的解释：一是标示包装内食品营养成分的平均含量。平均含量可以是整个大包装的检验数据，也可以是按照比例计算的营养成分含量。二是分别标示各食品的营养成分含量，共有信息可共用。同一包装内含有可由消费者酌情添加的配料（如方便面的调料包、膨化食品的蘸酱包等）时，也可采用本方法进行标示。三是当豁免强制标示营养标签的预包装食品作为赠品时，可以不在外包装上标示赠品的营养信息。

该标签产品方便面面饼和调味包、蔬菜包都是可食部分，营养成分表应按照上述选择一种方式标示，而不能只标示面饼的营养信息。

示例 77

真脆薯条（原味）　　净含量：40 克		
产品标准号	Q/FS×××0003	生产许可
保质期	8 个月	
生产日期	SH20151203	
配料	马铃薯、植物油、原味调味料（食用盐、味精、5′-呈味核苷酸二钠、二氧化硅）	
生产商	××食品有限公司上海分公司（SH）产地：上海市 上海市松江区××路××号 邮政编码：×××××× 食品生产许可证编号：QS3117 1202 ×××× ××食品有限公司北京分厂（BJ）产地：北京市 北京市××区××路××号 邮政编码：×××××× 食品生产许可证编号：QS1124 1202 ×××× 具体生产商请以生产日期旁的字母代号为准	
贮存条件	请置于阴凉干燥处，避免阳光直射。开口后请即食，以免受潮	
免费消费者热线	800××××××××	

营养成分表

项目	每份	营养素参考值 %
能量	984 千焦	12%
蛋白质	2.1 克	4%
脂肪	16.8 克	28%
饱和脂肪酸	7.6 克	38%
碳水化合物	18.6 克	6%
－糖	1.4 克	
膳食纤维	1.3 克	5%
钠	250 毫克	13%

【错误分析】

该标签未标明每份食品的量，不符合 GB 28050—2011《食品安全国家标准　预包装食品营养标签通则》6.1 的规定。

根据 GB 28050—2011《食品安全国家标准　预包装食品营养标签通则》6.1 规定：当用份标示时，应标明每份食品的量。份的大小可根据食品的特点或推荐量规定。

《预包装食品营养标签通则》（GB 28050—2011）问答（修订版）（四十三）“关于‘份’的标示”的解释：食品企业可选择以每 100 克（g）、每 100 毫升（ml）、每份来标示营养成分表，目的是准确表达产品营养信息。“份”是企业根据产品特点或推荐量而设定的，每包、每袋、每支、每罐等均可作为 1 份，也可将 1 个包装分成多份，但应注明每份的具体含量（克、毫升）。用“份”为计量单位时，营养成分含量数值“0”界限应符合每 100g 或每 100mL 的“0”界限值规定。

该标签营养成分表用“份”标示，应标明每份的含量。

示例 78

品名	鸡块（速冻调理生制品）裹面制品
净含量	200 克
配料	鸡肉、淀粉、食用盐、味精、香辛料
食品生产许可证号	QS××××1101 ××××
产品标准代码	SB/T 10379
产地	上海市
生产日期	2015 年 12 月 22 日
保质期	12 个月
贮存条件	冷冻保存
生产商	上海 ×× 食品有限公司
地址	上海市 ×× 镇 ×× 路 ×× 号
联系方式	021-××××××××

营养成分表

项目	每 100 克或毫升或每份	营养素参考值 %
能量	720 千焦	9%
蛋白质	15.4 克	26%
脂肪	7.5 克	13%
碳水化合物	10.6 克	4%
钠	375 毫克	19%

【错误分析】

该标签营养成分表内容（每 100g 或毫升或每份）标示不规范，不符合 GB 28050—2011《食品安全国家标准　预包装食品营养标签通则》6.1 的规定。

GB 28050—2011《食品安全国家标准　预包装食品营养标签通则》6.1 规定：预包装食品中能量和营养成分的含量应以每 100 克（g）（或）每 100 毫升（mL）和（或）每份食品可食部中的具体数值来标示。即可在每 100 克、每 100 毫升和每份中选取一种方式，或者同时标示相应的含量值和 NRV% 数值。

该标签将标题标示为每 100 克或每 100 毫升或每份，属于标示不规范。

示例 79

纯芝麻酱　　2015/12/10　　净含量：250 克		
配料	芝麻	生产许可
产地	上海市 ×× 区	
保质期	18 个月	
生产日期	见瓶盖	
产品标准号	Q/××××0001S	
食品生产许可证编号	QS××××0307××××	
贮存条件	请置于阴凉干燥处	
生产商	上海 ×××× 食品有限公司	
地址	上海市 ×× 区 ×× 路 ×× 号	
全国服务热线	400×-×××-×××	
说明：本品为原味芝麻酱，不添加任何添加剂，存放过程中会有浮油现象，食用前请先搅拌		
食用方法：可根据个人口味加蜂蜜、食盐等调味直接食用，以及用于拌面佐餐、面包涂抹、点心制馅、火锅调料等		
本公司通过 ISO 22000 食品安全管理体系认证		

营养成分表

项目	每 100g	NRV%
能量	2781kJ	33%
蛋白质	19.3g	32%
脂肪	57.9g	97%
—饱和脂肪酸	9.9g	50%
—反式脂肪酸	0g	
碳水化合物	1.0g	0%
纳	8mg	0%

【错误分析】

该标签营养成分（纳）书写错误，不符合 GB 28050—2011《食品安全国家标准　预包装食品营养标签通则》6.2 的规定。

GB 28050—2011《食品安全国家标准　预包装食品营养标签通则》6.2 规定：营养成分表中强制标示和可选择性标示的营养成分的名称和顺序、标示单位、修约间隔、“0”界限值应符合表 1 的规定。当不标示某一营养成分时，依序上移。

该标签应标示“钠”而不是“纳”。

示例 80

品名	原味冰淇淋
净含量：	100 克
配料：	稀奶油、白砂糖、脱脂牛奶、牛奶、玉米糖浆、羧甲基纤维素钠、瓜尔胶、卡拉胶、胭脂树橙
食品生产许可证号	QS3120 1001 ××××
产品标准代码	SB/T 10013
产地	上海市奉贤区
生产日期	2015 年 12 月 22 日
保质期	45 天
贮存条件	冷冻保存
生产商	上海 ×× 食品有限公司
地址	上海市奉贤区 ×× 镇 ×× 路 ×× 号
联系方式	021-××××××××

营养成分表

项目	每 100 克	营养素参考值 %
热量	977 千焦	12%
蛋白质	3.1 克	5%
脂肪	14.1 克	23%
碳水化合物	23.8 克	8%
钠	71 毫克	4%

【错误分析】

该标签能量名称标示不规范（热量），不符合 GB 28050—2011《食品安全国家标准　预包装食品营养标签通则》6.2 的规定。

同上例分析，营养成分表中强制标示和可选择性标示的营养成分的名称要符合 GB 28050—2011《食品安全国家标准　预包装食品营养标签通则》表 1。企业不可创造名称，表 1 中为“能量”，不可标示“热量”。

示例 81

品名：×× 牌固体饮料　　**净含量：168g**		
配料表	磷脂、浓缩乳清蛋白、维生素 B_1、葡萄糖酸锌、碳酸钙、硫酸镁、乙二胺四乙酸铁钠	
保质期	24 个月	
生产日期	2015.××.××	
产品标准号	GB/T 29602	
生产商	浙江省 ×××× 食品有限公司	
地址	浙江省 ××× 市 ××× 区 ××× 路 ×× 号	生产许可
联系方式	××××-××××××××	
产地	浙江省 ××× 市	
贮存条件	请置于阴凉干燥处保存	
生产许可证编号	QS×××× 0401 ××××	
推荐食用方法	用 45℃以下温水冲饮，也可加入果汁、牛奶或其他流质食物中搅拌均匀后食用	

营养成分表

项目	每 100 克（g）	NRV%
能量	2319kJ	28%
蛋白质	31.2g	52%
脂肪	43.8g	73%
碳水化合物	6.1g	2%
钠	175mg	9%
维生素 B_1	1.61mg	115%
钙	400mg	50%
镁	168mg	56%
铁	13.3mg	89%
锌	13.80mg	92%

【错误分析】

该标签营养成分（钙、镁）的顺序标示不规范，不符合 GB 28050—2011《食品安全国家标准　预包装食品营养标签通则》6.2 的规定。

GB 28050—2011《食品安全国家标准　预包装食品营养标签通则》6.2 规定：营养成分表中强制标示和可选择性标示的营养成分的名称和顺序、标示单位、修约间隔、“0”界限值应符合表 1 的规定。当不标示某一营养成分时，依序上移。

营养成分表中标示的营养成分的顺序要符合 GB 28050—2011《食品安全国家标准　预包装食品营养标签通则》表 1，表 1 中镁在钙之前面，应先标示镁的含量及其 NRV%、再标示钙的含量及其 NRV%。

示例 82

食品名称	蒜蓉面包酱	生产许可
净含量	320g	
保质期	18 个月	
贮存条件	清洁、阴凉、干燥处，开封后需冷藏	
产品标准号	Q/××××	
生产日期	2016 年 2 月 14 日	
配料表	棕榈油、大豆油、水、蒜粉、食用盐、食品添加剂（单硬脂酸甘油酯、柠檬酸、山梨酸钾）、食用香精、香辛料	
生产商	上海 ××× 食品有限公司	
地址	上海市 ×× 镇 ×× 路 ×× 号 × 幢 × 楼	
电话	021-××××××××	
生产许可证	QS××××0307××××	

营养成分表

项目	每 15 克	NRV%	项目	每 15 克	NRV%
能量	358 千焦	4%	蛋白质	0.1 克	0%
碳水化合物	0 克	0%	脂肪	9.4 克	16%
钠	80 毫克	4%			

【错误分析】

该标签营养成分（脂肪、碳水化合物）的顺序标示不规范，不符合 GB 28050—2011《食品安全国家标准　预包装食品营养标签通则》6.2 的规定。

同上例分析，营养成分表中标示的营养成分的顺序要符合 GB 28050—2011《食品安全国家标准　预包装食品营养标签通则》表 1 的规定，脂肪的含量和 NRV% 标示在碳水化合物之前。该标签营养成分表参照 GB 28050—2011《食品安全国家标准　预包装食品营养标签通则》附录 B.2.4 选择横排格式，可分成两列或两列以上标示，能量和营养成分可从左到右、从上到下排列，也可从上到下、从左到右排列，但标示顺序仍要符合表 1，顺序可以选择以横排或竖排为基准。

该标签营养成分表可修改为：

项目	每 15 克	NRV%	项目	每 15 克	NRV%
能量	358 千焦	4%	蛋白质	0.1 克	0%
脂肪	9.4 克	16%	碳水化合物	0 克	0%
钠	80 毫克	4%			

或

项目	每 15 克	NRV%	项目	每 15 克	NRV%
能量	358 千焦	4%	碳水化合物	0 克	0%
蛋白质	0.1 克	0%	钠	80 毫克	4%
脂肪	9.4 克	16%			

示例 83

跳跳糖	净含量 10 克
配料：白砂糖、麦芽糖浆、二氧化碳、碳酸氢钠、食用香精、麦芽提取物	生产商：××× 食品有限公司 地址：×× 镇 ×× 路 ×× 号 × 幢 × 楼 邮编：××××
标准号：Q/××××	生产许可证：××××1301××××
贮存条件保质期：干燥阴凉处 18 个月	生产日期：2016.2.4
营养成分（15g/ 份）：能量 260kJ，脂肪 0g，蛋白质 0g，碳水化合物 14.9g，钠 7mg	

【错误分析】

该标签营养成分（蛋白质、脂肪）的顺序标示不规范，不符合 GB 28050—2011《食品安全国家标准　预包装食品营养标签通则》6.2 的规定。

该标签产品包装的总面积小于 100cm^2，营养标签参照 GB 28050—2011《食品安全国家标准　预包装食品营养标签通则》附录 B.2.5 选择文字格式，允许用非表格的形式，并可省略营养素参考值（NRV）的标示。根据包装特点，营养成分从左到右横向排开，或者自上而下排开。

《预包装食品营养标签通则》（GB 28050—2011）问答（修订版）（七十八）“关于文字格式的营养标签”的解释为：文字格式或非表格形式标示营养信息，允许不用营养素参考值（NRV%）阐释，但必须遵循本标准规定的能量和营养成分的标示名称、顺序和表达单位。

该标签中蛋白质及其含量的标示应在脂肪及其含量之前，标示顺序不规范。

示例 84

芝麻油	2015 年 ×× 月 ×× 日（C）
配料	芝麻
加工工艺	压榨
质量等级	芝麻香油一级
产品标准号	GB 8233
保质期	十八个月
委托单位	上海市 ××××× 食品有限公司
地址	上海市 ××× 路 ×× 号
电话	（021）××××××××

营养成分表

项目	每 100 克	营养素参考值 %
能量	3700KJ	44%
蛋白质	0g	0%
脂肪	99.9g	167%
碳水化合物	0g	0%
钠	0mg	0%

净含量 / 规格：230 毫升

生产日期（及批号）：见瓶盖
受委托单位：×× 市 ××× 食品有限公司
地址：×× 市 ×× 区 ×× 路 ×× 号
电话：（××××）××××××××
产地：×× 省 ×× 市
食品生产许可证编号：QS×××× 0201 ××××

原料原产国：中国（C）、埃塞俄比亚（E）（具体原产国见批号后面的字母）
贮存条件：存放于阴凉干燥处，避免阳光直射，在温度较低时，出现絮凝或黏稠现象，品质不变

【错误分析】

该标签能量单位标示不规范，不符合 GB 28050—2011《食品安全国家标准　预包装食品营养标签通则》6.2 的规定。

GB 28050—2011 6.2 和表 1 规定：能量的表达单位为“千焦”或“kJ”（其中“k”是小写字母，“J”是大写字母），可以选择中文或英文，也可以两者都使用。

该标签将能量单位 KJ 都标示成大写字母，属于表达单位标示不规范。

示例 85

马铃薯片（美国经典原味）切片型　净含量：40 克		生产许可
产品标准号	QB/T 2686	
保质期	9 个月	
生产日期	SH2015.12.10	
配料	马铃薯、植物油、美国经典原味调味料（食用盐、味精、5′-呈味核苷酸二钠、二氧化硅）	
生产商	×× 食品有限公司上海分公司（SH）产地：上海市 上海市松江区 ×× 路 ×× 号 邮政编码：×××××× 食品生产许可证编号：QS3117 1202 ×××× ×× 食品有限公司北京分厂（BJ）产地：北京市 北京市 ×× 区 ×× 路 ×× 号 邮政编码：×××××× 食品生产许可证编号：QS1124 1202 ×××× 具体生产商请以生产日期旁的字母代号为准	
贮存条件	请置于阴凉干燥处，避免阳光直射。开口后请即食，以免受潮	
免费消费者热线	800××××××××	

营养成分表

每份食用量：1 袋（40 克）

项目	每份	营养素参考值 %
能量	886 千焦	11%
蛋白质	2.3 克	4%
脂肪	12.9 克	22%
饱和脂肪酸	6 克	30%
碳水化合物	21.1 克	7%
—糖	0 克	
膳食纤维	1.3 克	5%
钠	206 毫克	10%

【错误分析】

该标签营养成分（饱和脂肪酸）的修约间隔标示不规范，不符合 GB 28050—2011《食品安全国家标准　预包装食品营养标签通则》6.2 的规定。

根据 GB 28050—2011《食品安全国家标准　预包装食品营养标签通则》6.2 及表 1，营养成分饱和脂肪（酸）的修约间隔为 0.1，即保留至小数点后一位。

该标签中饱和脂肪酸的含量应标示为 6.0 克。

示例 86

食品名称	柠檬茶（柠檬味茶饮料）
产品分类	果味茶饮料
配料	水、白砂糖、红茶、红茶粉、浓缩柠檬汁、食品添加剂［酸度调节剂（330、331iii）、抗氧化剂（300）］
净含量	310 毫升
保质期	365 天
贮存条件	常温保存
产品标准号	GB/T 21733
生产日期	2015 年 12 月 19 日
生产商	上海市 ×××× 食品厂
产地	上海市浦东新区
地址	上海市 ×× 路 ×× 号
电话	021-××××××××
传真	021-××××××××
生产许可证	QS3115 0601 ××××

生产许可

营养成分表

项目	每 100ml	营养素参考值 %
能量	218 千焦	3%
蛋白质	0.5 克	1%
脂肪	0 克	0%
碳水化合物	12.8 克	4%
钠	10 毫克	1%

【错误分析】

该标签营养成分（蛋白质）“0”界限值标示不规范，不符合 GB 28050—2011《食品安全国家标准　预包装食品营养标签通则》6.2 的规定。

GB 28050—2011《食品安全国家标准　预包装食品营养标签通则》6.2 规定了营养成分的“0”界限值要符合 GB 28050—2011《食品安全国家标准　预包装食品营养标签通则》表 1，即在表 1 中“0”界限值及以下都标示“0”，而不再标示具体数值。蛋白质的“0”界限值为（每 100g 或 100ml）≤ 0.5g，即蛋白质在每 100g 或 100ml 情况下≤ 0.5g 时都标示“0”。

该标签蛋白质含量和营养素参考值都应标为“0”。

当使用“份”的计量单位时，也要同时符合每 100g 或 100ml 的“0”界限值的规定。

示例 87

食品名称	麻辣味马铃薯片
食品类型	切片型
净含量	150 克
产品标准	QB/T 2686
配料表	马铃薯、植物油、大蒜粉、辣椒粉、花椒粉、食用盐、味精、麦芽糊精、辣椒、小茴香、食用香精
食用方式	开袋即食
生产日期	2015-12-30
保质期	12 个月
贮存条件	请放在避光、阴凉干燥处保存
生产者名称	上海市 ×× 食品有限公司
地址	上海市 ×× 区 ×× 路 ×× 号
食品生产许可证	QS31×× 1202 ××××
联系方式	021-××××××××

营养成分表

项目	每份（50 克）	营养素参考值 %
能量	630kJ	8%
蛋白质	1.8g	3%
脂肪	9.2g	15%
碳水化合物	15.0g	5%
膳食纤维	0.2g	1%
钠	140mg	7%

【错误分析】

该标签营养成分（膳食纤维）“0”界限值标示不规范，不符合 GB 28050—2011《食品安全国家标准　预包装食品营养标签通则》6.2 的规定。

根据 GB 28050—2011《食品安全国家标准　预包装食品营养标签通则》表 1 备注 b: 使用“份”的计量单位时，也要同时符合每 100g 或 100mL 的“0”界限值得规定。营养成分的含量值在以“每份”形式标示时，应先换算至以 100g 或 100mL 计。

该标签中膳食纤维含量换算至 100g 的含量为 0.4g，而膳食纤维的“0”界限值为 0.5g；故其含量值正确的标示应为“0”，其营养素参考值也应标为“0”。

示例 88

食品名称	芒果柠檬复合果汁饮料
果汁含量≥ 10%	
配料	水、白砂糖、浓缩芒果汁、浓缩柠檬汁、柠檬酸、牛磺酸、维生素 C
净含量	330 毫升
保质期	12 个月
贮存条件	常温保存
产品标准号	GB/T 31121
生产日期	2015 年 12 月 19 日
生产商	上海市 ×××× 食品厂
产地	上海市浦东新区
地址	上海市 ×× 路 ×× 号
电话	021-××××××××
传真	021-××××××××
生产许可证	QS3115 0601 ××××

生产许可

营养成分表

项目	每 100 毫升	营养素参考值 %
能量	165 千焦	2%
蛋白质	0 克	0%
脂肪	0 克	0%
碳水化合物	9.3 克	3%
钠	0 毫克	0%
牛磺酸	38 毫克	/
维生素 C	25.0 毫克	25%

【错误分析】

该标签营养成分（牛磺酸、维生素 C）的顺序标示不规范，不符合 GB 28050—2011《食品安全国家标准 预包装食品营养标签通则》6.3 的规定。

GB 28050—2011《食品安全国家标准 预包装食品营养标签通则》6.3 规定：当标示 GB 14880 和卫生部公告中允许强化的除表 1 外的其他营养成分时，其排列顺序应位于表 1 所列营养素之后。

该产品使用了营养强化剂“牛磺酸”和“维生素 C”，牛磺酸是除表 1 外的其他营养成分，维生素 C 是表 1 中的营养素，牛磺酸排列顺序应位于维生素 C 之后。

5. 豁免强制标示营养标签的情况

示例 89

鸡精调味料　　净含量／规格：454g		
产品标准号	SB/T 10371	
生产日期	2015.06.09	
保质期	二十个月	
贮存条件	请在阴凉干燥处保存，开封后需密封保存，避免吸潮	
使用方法	本品属于即食类复合调味料。可在菜肴、点心、汤中按个人需要和口味添加至鲜美可口	
配料	味精、食用盐、白砂糖、大米、鸡肉、鸡蛋全蛋液、食用香精、咖喱粉、洋葱、大蒜、食品添加剂（5′-呈味核苷酸二钠）	
生产商	上海 ××× 食品有限公司	生产许可
地址	上海市 ×× 区 ×× 路 ×× 号	
产地	上海市 ×× 区	
电话	021-××××××××	
生产许可证	QS3114 0305 ××××	

【错误分析】

该标签未标示营养标签，不符合 GB 28050—2011《食品安全国家标准　预包装食品营养标签通则》第 7 章的规定。

《预包装食品营养标签通则》（GB 28050—2011）问答（修订版）十五“关于每日食用量≤10g 或 10mL 的预包装食品”的解释：

指食用量少、对机体营养素的摄入贡献较小，或者单一成分调味品的食品，具体包括：

1. 调味品：味精、食醋等；

2. 甜味料：食糖、淀粉糖、花粉、餐桌甜味料、调味糖浆等；

3. 香辛料：花椒、大料、辣椒等单一原料香辛料和五香粉、咖喱粉等多种香辛料混合物；

4. 可食用比例较小的食品：茶叶（包括袋泡茶）、胶基糖果、咖啡豆、研磨咖啡粉等；

5. 其他：酵母，食用淀粉等。

但是，对于单项营养素含量较高、对营养素日摄入量影响较大的食品，如腐乳类、酱腌菜（咸菜）、酱油、酱类（黄酱、肉酱、辣酱、豆瓣酱等）以及复合调味料等，应当标示营养标签。

该产品鸡精调味料是复合调味料，不属于豁免强制标示营养标签的预包装食品，应强制标示营养标签。

示例 90

食品名称	大红枣	
有营养 富含铁		
配料	红枣	
分装商	上海 ×× 食品有限公司	
地址	上海市 ×× 区 ×× 路 × 号	
电话（传真）	021-×××××（××××）	
生产日期	2016.2.1	
保质期	常温 180 天	
贮存条件	存放于阴凉干燥处	
执行标准	GB/T 5835	生产许可
质量等级	一等品	
净含量	500 克	
食品生产许可证编号	QS××××1702××××	

【错误分析】

该标签未标示营养标签，不符合 GB 28050—2011《食品安全国家标准　预包装食品营养标签通则》第 7 章的规定。

《预包装食品营养标签通则》（GB 28050—2011）问答（修订版）（九）“关于生鲜食品”的解释：是指预先定量包装的、未经烹煮、未添加其他配料的生肉、生鱼、生蔬菜和水果等，如袋装鲜（或冻）虾、肉、鱼或鱼块、肉块、肉馅等。此外，未添加其他配料的干制品类，如干蘑菇、木耳、干水果、干蔬菜等，以及生鲜蛋类等，也属于本标准中生鲜食品的范围。

该产品大红枣是生鲜食品，属于豁免强制标示营养标签的预包装食品，但根据 GB 28050—2011《食品安全国家标准　预包装食品营养标签通则》第 7 章的规定“豁免强制标示营养标签的预包装食品，如果在其包装上出现任何营养信息时，应按照本标准执行”。该产品标签标有营养声称“富含铁”，属于营养信息，要强制标

注营养标签。

示例 91

食品名称	无糖口香糖
配料	食品添加剂（木糖醇、麦芽糖醇、山梨糖醇、甘油、明胶、阿拉伯胶、阿斯巴甜（含苯丙氨酸）、二氧化钛、安赛蜜、巴西棕榈蜡、羧甲基纤维素钠、蔗糖脂肪酸酯、姜黄素）、胶基、食用香精
生产商	上海 ×× 食品有限公司
地址	上海市 ×× 区 ×× 路 × 号
电话	021-×××××（××××）
生产日期	2016.2.12
保质期	24 个月
贮存条件	存放于阴凉干燥处，避免挤压
执行标准	SB/T 10023
净含量	106 克
食品生产许可证编号	QS××××1301××××

【错误分析】

该标签未标示营养标签，不符合 GB 28050—2011《食品安全国家标准　预包装食品营养标签通则》第 7 章的规定。

同上例分析：该产品是胶基糖果，属于可食用比例较小的食品，可以豁免强制标示营养标签。但该产品名称“无糖口香糖”中“无糖”属于营养信息，根据 GB 28050—2011《食品安全国家标准　预包装食品营养标签通则》第 7 章的规定“豁免强制标示营养标签的预包装食品，如果在其包装上出现任何营养信息时，应按照本标准执行”。该产品需要强制标示营养标签。

6. 营养素参考值百分数

示例 92

食品名称	苏式月饼	生产许可
净含量	80g	
保质期	7 天	
贮存条件	清洁、阴凉、干燥处，常温保存	
产品标准号	GB/T 19855—2015	
加工方式	烘烤类热加工	
生产日期	2015 年 12 月 14 日	
配料表	小麦粉、赤豆沙（红豆、白砂糖、植物油、麦芽糖浆、生活饮用水）、生活饮用水、食用植物油、麦芽糖浆、白砂糖	
生产商	上海 ××× 食品有限公司	
地址	上海市浦东新区 ×× 镇 ×× 路 ×× 号 × 幢 × 楼	
食品产地	上海浦东新区	
电话	021-××××××××	
生产许可证	QS3115 2401 ××××	

营养成分表

项目	每 100 克	营养素参考值 %
能量	1850 千焦	22.0%
蛋白质	4.5 克	7.5%
脂肪	17.5 克	29.2%
碳水化合物	46.5 克	15.5%
钠	12 毫克	0.6%

【错误分析】

该标签能量、营养成分（蛋白质、脂肪、碳水化合物、钠）NRV% 的修约间隔标示不规范，不符合 GB 28050—2011《食品安全国家标准　预包装食品营养标签通则》A.2 的规定。

GB 28050—2011《食品安全国家标准　预包装食品营养标签通则》A.2 规定：指定 NRV% 的修约间隔为 1，如 1%、5%、16% 等，即 NRV% 值应保留至整数位。

该标签中能量、营养成分（蛋白质、脂肪、碳水化合物、钠）的 NRV% 值应分别标示为 22%、8%、29%、16%、1%。

示例 93

品名	黄油曲奇饼干
净含量	65 克
配料	小麦粉、黄油、白砂糖、鸡蛋、碳酸氢钠
食品生产许可证号	QS3120 0801 ××××
产品标准代码	GB/T 20980
产品类型	曲奇饼干
生产日期	2015 年 12 月 22 日
保质期	30 天
贮存条件	常温干燥
生产商	上海 ×× 食品有限公司
地址	上海市奉贤区 ×× 镇 ×× 路 ×× 号
联系方式	021-××××××××

营养成分表

项目	每 100 克	营养素参考值 %
能量	1796 千焦	21%
蛋白质	4.5 克	7%
脂肪	24.2 克	40%
碳水化合物	48.5 克	16%
钠	13 毫克	1%

【错误分析】

该标签营养成分（蛋白质）NRV% 计算错误，不符合 GB 28050—2011《食品安全国家标准　预包装食品营养标签通则》A.3 的规定。

GB 28050—2011《食品安全国家标准　预包装食品营养标签通则》A.3 规定：NRV%=x/NRV×100%（x——食品中某营养素的含量；NRV——该营养素的营养素参考值）。

该标签中蛋白质含量为“4.5 克”；蛋白质的营养素参考值查询 GB 28050—2011《食品安全国家标准　预包装食品营养标签通则》A.1（即表 A.1）为“60g”，根据公式计算蛋白质的 NRV% 为“7.5”。A.2 规定：指定 NRV% 的修约间隔为 1，如 1%、5%、16% 等，即 NRV% 值应保留至整数位。

《预包装食品营养标签通则》(GB 28050—2011）问答（修订版）(四十一）“关于数值和 NRV% 的修约规则”的解释：可采用 GB/T 8170《数值修约规则与极限数值的表示和判定》中规定的数值修约规则，也可直接采用四舍五入法，建议在同一营养成分表中采用同一修约规则。

该产品中蛋白质的 NRV%，无论采用哪种修约规则都应修约为“8”，而标签标示“7”属于营养成分 NRV% 计算错误。

7. 营养标签格式

示例 94

红枣**高铁**燕麦片　　净含量 / 规格：600 克

产品标准号	Q/××××0001S—2014	
生产日期	2015.12.10	
保质期	12 个月	
贮存条件	置于阴凉干燥处	
产品介绍	含澳洲优质燕麦	
配料	燕麦（添加量 33%）、白砂糖、麦片、麦芽糊精、全脂奶粉、硫酸亚铁、食用香精	
生产商	上海 ××× 食品有限公司	生产许可
地址	上海市 ×× 区 ×× 路 ×× 号	
产地	上海市 ×× 区	
电话	021-××××××××	
生产许可证	QS××××0701××××	

营养成分表

项目	每 100 克	营养素参考值 %
能量	1729kJ	21%
蛋白质	6.0g	10%
脂肪	8.0g	13%
碳水化合物	76.2g	25%
膳食纤维	4.5g	18%
钠	159mg	8%
铁	5.6mg	37%

【错误分析】

该标签营养声称“高铁”字号大于食品名称，不符合 GB 28050—2011《食品安全国家标准　预包装食品营养标签通则》附录 B 的规定。

GB 28050—2011《食品安全国家标准　预包装食品营养标签通则》附录 B 规定了预包装食品营养标签的格式，营养声称、营养成分功能声称可以在标签的任意位置，但其字号不得大于食品名称和商标。

该标签声称内容“高铁”的字号明显大于反映产品真实属性的食品名称“燕麦片”，属于标示不规范。

十三、产品执行标准或强制性标准中的特殊要求

1. 酒类

示例 95

产品名称：八年陈黄酒	净含量：500ml
原料：水、大米、糯米、红枣、枸杞、蜂蜜、焦糖色	产品标准号及质量等级：GB/T 13662（优级）
含糖量：15.1g/L~40.0g/L	酒精度≥ 12% vol
生产日期：2015 年 12 月 8 日	置于阴凉干燥通风处
产品类型：特型半干黄酒	许可证号：QS××××1504××××
保质期：24 个月	生产许可
××××酿造有限公司	
地址：××××××	
售后服务热线：400111××××	

【错误分析】

该标签未按标准要求标示“过量饮酒有害健康”，不符合 GB 2758—2012《食品安全国家标准　发酵酒及其配制酒》4.4 的规定。

GB 2758—2012《食品安全国家标准　发酵酒及其配制酒》4.4 规定：应标示“过量饮酒有害健康”，可同时标示其他警示语。

该标签未标示此警示语。另外，警示语一定要标示“过量饮酒有害健康”，标示为“过度饮酒，有害健康”“过量饮酒危害健康”等都属于警示语标示不规范。

示例 96

产品名称：花雕酒（黄酒）	净含量：500ml
原料：水、大米、糯米、红枣、枸杞、蜂蜜、焦糖色	产品标准号及质量等级：GB/T 13662（优级）
含糖量：15.1g/L~40.0g/L	过量饮酒有害健康
生产日期：2015 年 12 月 8 日	置于阴凉干燥通风处
产品类型：特型半干黄酒	许可证号：QS××××1504××××
保质期：24 个月	生产许可
××××酿造有限公司	
地址：××××××	
售后服务热线：400111××××	

【错误分析】

该标签未标示酒精度，不符合 GB 2758—2012《食品安全国家标准　发酵酒及其配制酒》4.1 的规定。

GB 2758—2012《食品安全国家标准　发酵酒及其配制酒》4.1 规定：发酵酒及其配制酒标签除酒精度、原麦汁浓度、原果汁含量、警示语和保质期的标识外，应符合 GB 7718 的规定。4.2 规定：应以“%vol”为单位标示酒精度。

该产品为黄酒，属于发酵酒及其配制酒，黄酒产品标签上酒精度可以按具体数值标注（如酒精度 :18%vol），也可按范围标注（如酒精度：≥ 18%vol），两种标注方式都正确。

示例 97

产品名称：超纯啤酒（玻璃瓶包装）	净含量：500ml
原料：水、麦芽、糖浆、酒花制品	产品标准号及质量等级：GB4927（优级）
原麦汁浓度：14.0 °P	酒精度≥ 5.4%vol
警示语：过量饮酒有害健康	灌装（生产）日期：2015 年 12 月 8 日
合格证明：合格	许可证号：QS××××1503××××
保质期及贮运条件：保质期：7 天 0℃～ 5℃冷藏、避光贮运	
××啤酒（上海）有限公司出品	生产许可
地址：上海市 ××××××	
售后服务热线：400111××××	

【错误分析】

该标签未标示“切勿撞击，防止爆瓶”，不符合 GB 4927—2008《啤酒》8.1.1 的规定。

GB 4927—2008《啤酒》8.1.1 规定：还应在标签、附标或外包装上印有“警示语”——“切勿撞击，防止爆瓶”；GB 2758—2012《食品安全国家标准　发酵酒及其配制酒》4.4 对此也有相同的要求。

该产品属于玻璃品包装的啤酒，标签中未标示此警示语。

2. 糕点

示例 98

食品名称	真空赤豆粽
产品分类	混合类，真空包装类，其他型
配料	箬叶（不可食用），糯米，红小豆，生活饮用水
净含量	320 克 / 袋（2 只）
保质期	180 天
贮存条件	常温保存，避免高温、阳光直射
食用方法	直接入沸水煮 8 分钟或撕开袋后入微波炉高档加热 3 分钟即可食用
产品标准号	SB/T 10377
生产日期	2015 年 11 月 19 日
生产商	上海市 ×××× 食品厂
产地	上海市浦东新区
地址	上海市 ×× 路 ×× 号
电话	021-××××××××
传真	021-××××××××
生产许可证	QS3115 2401 ××××
友情提示	发现涨袋或漏气时请勿购买，或至销售处调换

生产许可

营养成分表

项目	每 100 克	营养素参考值 %
能量	690 千焦	8%
蛋白质	5.3 克	9%
脂肪	1.0 克	2%
碳水化合物	32.6 克	11%
钠	10 毫克	1%

【错误分析】

该标签未标示冷加工或热加工，不符合 GB 7099—2003《糕点、面包卫生标准》第 8 章的规定。

GB 7099—2003《糕点、面包卫生标准》第 8 章规定：定型包装的标示要求除符合相应规定外，在产品单位包装上要标明冷加工或热加工。

注：GB 7099—2015《食品安全国家标准　糕点、面包》于 2016 年 9 月 22 日实施，无冷、热加工标示要求。

3、乳制品

示例 99

正面 全脂风味发酵乳（原味）复原乳	净含量：100g

侧面

营养成分表

项目	每 100 克	营养素参考值 %
能量	391 千焦	5%
蛋白质	3.2 克	5%
脂肪	2.9 克	5%
碳水化合物	13.5 克	5%
钠	36 毫克	2%

非脂乳固体≥ 6.5% 乳含量> 90%

×××××××× 食品有限公司生产

消费者健康服务热线：××××-×××××××××

地址：×× 省 ××× 市 ××× 区 ×× 路 ×× 号

反面

配料：水、乳粉、白砂糖、乳清蛋白粉、稀奶油、浓缩牛奶蛋白、保加利亚乳杆菌、嗜热链球菌、长双歧杆菌、嗜酸乳杆菌

贮存条件：保存于 2℃—6℃

生产日期 / 保质期（至）：标示于杯盖

产品标准代号：GB 19302

食品生产许可证编号 QS××××0501××××

温馨提示：请贮于 2℃—6℃。开启后一次性饮完为佳，如发生异味、涨杯现象，请勿饮用！

致敏源信息：本品含有乳制品

杯盖

20151122

20151212

【错误分析】

该标签“复原乳”字体高度小于主要展示版面高度的五分之一，不符合GB 19302—2010《食品安全国家标准　发酵乳》5.3的规定。

GB 19302—2010《食品安全国家标准　发酵乳》5.2规定：全部用乳粉生产的产品应在产品名称紧邻部位标明“复原乳”或“复原奶”；在生牛（羊）乳中添加部分乳粉生产的产品应在产品名称紧邻部位标明“含××%复原乳”或“含××%复原奶”。5.3规定：“复原乳”或“复原奶”与产品名称应标识在包装容器的同一主要展示版面；标识的“复原乳”或“复原奶”字样应醒目，其字号不小于产品名称的字号，字体高度不小于主要展示版面高度的五分之一。

从该产品的配料中可看出，此发酵乳产品属于全部用乳粉生产的产品，应在产品名称紧邻部位标明“复原乳”，且“复原乳”的标示要符合GB 19302—2010《食品安全国家标准　发酵乳》5.3的规定。

此外，GB 25191—2010《食品安全国家标准　调制乳》、GB 25190—2010《食品安全国家标准　灭菌乳》、GB 19645—2010《食品安全国家标准　巴氏杀菌乳》等也有相关类似要求。

4. 复合调味料

示例100

名称	宫保汁（复合调味料）
配料	水、酿造食醋、食用盐、白砂糖、白胡椒粉
净含量	500ml
保质期	15天
消费者服务电话	400－×××－××××
生产日期	2015.12.28
产品标准号	DB31/2002
食品生产许可证编号	QS31××0307××××
上海市××××食品有限公司生产	
上海市××区××路××号	
贮存条件	0—4℃冷藏保存

营养成分表

项目	每100ml	营养素参考值%
能量	481千焦（kJ）	6%
蛋白质	0.7克（g）	1%
脂肪	0克（g）	0%
碳水化合物	28.4克（g）	9%
钠	371毫克（mg）	19%

【错误分析】

该标签未标明食用方式，不符合 DB 31/2002—2012《食品安全地方标准　复合调味料》第 7 章的规定。

DB 31/2002—2012《食品安全地方标准　复合调味料》第 7 章规定：预包装产品标签应符合 GB 7718 和 GB 28050 的相关规定，直接提供给消费者的预包装产品还应标明食用方式。

食用方式可选择标示具体的食用方式，也可标明“即食”或“非即食”等。

5. 速冻调制食品

示例 101

名称	狮子头（肉糜类制品）
配料	猪肉 饮用水 食用淀粉 大豆油 食用盐 白砂糖 酱油 香辛料
净含量	300 克
保质期	6 个月
消费者服务电话	400-×××-××××
生产日期	2015.12.28
产品标准号	SB/T 10379
食品生产许可证编号	QS31×× 1101 ××××
上海市 ×××× 食品有限公司生产	
上海市 ×× 区 ×× 路 ×× 号	
贮存条件	−18℃以下冷冻保存

营养成分表

项目	每 100g	营养素参考值 %
能量	956 千焦（kJ）	11%
蛋白质	5.5 克（g）	9%
脂肪	17.2 克（g）	29%
碳水化合物	1.8 克（g）	1%
钠	224 毫克（mg）	11%

【错误分析】

该标签未注明生制品或熟制品，不符合 SB/T 10379—2012《速冻调制食品》10.1.1 的规定。

SB/T 10379—2012《速冻调制食品》10.1.1 规定：速冻预包装产品应符合

GB 7718 和 GB 28050 的规定，并注明产品类别和生制品或熟制品。

该标签产品名称“肉糜类制品”属于产品类别，但还应同时注明其是“生制品”或“熟制品”。

示例 102

名称	蛋饺（速冻生制品）
配料	猪肉 鸡蛋 饮用水 鸭蛋 葱 猪肥膘 食用盐 白砂糖 酱油 香辛料 马铃薯淀粉
净含量	130 克
保质期	12 个月
消费者服务电话	400-×××-××××
生产日期	20151120
产品标准号	SB/T 10379
食品生产许可证编号	QS31×× 1101 ××××
上海市 ×××× 食品有限公司生产	
上海市 ×× 区 ×× 路 ×× 号	
贮存条件	−18℃以下冷冻保存

营养成分表

项目	每 100g	营养素参考值 %
能量	843 千焦（kJ）	10%
蛋白质	8.9 克（g）	15%
脂肪	18.7 克（g）	31%
碳水化合物	0 克（g）	0%
钠	514 毫克（mg）	26%

【错误分析】

该标签未注明产品类别，不符合 SB/T 10379—2012《速冻调制食品》10.1.1 的规定。

同上例分析，该标签虽然标明了“速冻生制品”，但不属于产品类别，根据 SB/T 10379—2012《速冻调制食品》第 4 章“分类”（花色面米制品、裹面制品、调味水产制品、肉糜类制品、菜肴制品、汤料制品、其他）标示产品类别。

该产品属于“菜肴制品”，应在标签中标明。

6. 速冻面米食品

示例 103

名称	香糯小圆子
配料	糯米 饮用水 起酥油
净含量	250 克
保质期	12 个月
消费者服务电话	400-×××-××××
生产日期	20151207
产品标准号	SB/T 10412
食品生产许可证编号	QS31×× 1101 ××××
上海市 ×××× 食品有限公司生产	
上海市 ×× 区 ×× 路 ×× 号	
贮存条件	−18℃以下冷冻保存
速冻生制	无馅类

营养成分表

项目	每 100g	营养素参考值 %
能量	925 千焦（kJ）	11%
蛋白质	3.5 克（g）	6%
脂肪	2.2 克（g）	4%
—反式脂肪酸	0 克（g）	
碳水化合物	46.1 克（g）	15%
钠	7 毫克（mg）	0%

【错误分析】

该标签未标示烹调加工方式，不符合 GB 19295—2011《食品安全国家标准　速冻面米制品》4.1 的规定。

GB 19295—2011《食品安全国家标准　速冻面米制品》4.1 规定：产品标识应注明速冻、生制、熟制，以及烹调加工方式。

该产品为速冻面米制品，标签标示除了要满足产品执行 SB/T 10412—2007《速冻面米食品》标签要求，还要满足 GB 19295—2011《食品安全国家标准　速冻面米制品》4.1 的规定，该标签未标示烹调加工方式，可用文字说明产品食用方式或用图示介绍烹调加工方式等方法标示。

示例 104

名称	香菇素菜包（速冻生制）
配料	小麦粉、饮用水、青菜、香菇、白砂糖、起酥油、豆腐干、大豆油、食用盐、芝麻油、酵母、配制酱油、香辛料
净含量	360 克
保质期	12 个月
消费者服务电话	400-×××-××××
生产日期	20151207
产品标准号	SB/T 10412
食品生产许可证编号	QS31××1101××××
上海市××××食品有限公司生产	
上海市××区××路××号	
贮存条件	−18℃以下冷冻保存
食用方法	不必解冻放入蒸笼内，大火煮水沸腾后，用中火蒸约 8 分钟即可食用

营养成分表

项目	每 100g	营养素参考值 %
能量	1005 千焦（kJ）	12%
蛋白质	5.6 克（g）	9%
脂肪	7.9 克（g）	13%
—反式脂肪酸	0 克（g）	
碳水化合物	36.3 克（g）	12%
钠	453 毫克（mg）	23%

【错误分析】

该标签未标示产品类别，不符合 SB/T 10412—2007《速冻面米食品》8.1 的要求。

SB/T 10412—2007《速冻面米食品》8.1 规定：应符合 GB 7718 规定，同时还应标明速冻、生制或熟制和产品类别。SB/T 10412—2007《速冻面米食品》第 4 章产品分类：肉类、含肉类、无肉类、无馅类。

该产品为速冻面米制品，标签标示要同时满足执行标准 SB/T 10412—2007《速冻面米食品》和 GB 19295—2011《食品安全国家标准　速冻面米制品》的要求。案例产品属于“无肉类”，应在标签中标示。

7. 薯片

示例 105

食品名称	原味马铃薯片
净含量	100 克
产品标准	QB/T 2686
配料表	马铃薯、植物油、食用盐、味精、麦芽糊精、食用香精
食用方式	开袋即食
生产日期	2015-12-30
保质期	12 个月
贮存条件	请放在避光、阴凉干燥处保存
生产者名称	上海市 ×× 食品有限公司
地址	上海市 ×× 区 ×× 路 ×× 号
食品生产许可证	QS31×× 1202 ××××
联系方式	021-××××××××

营养成分表

项目	每份（30 克）	营养素参考值 %
能量	655kJ	8%
蛋白质	1.9g	3%
脂肪	9.2g	15%
碳水化合物	15.6g	5%
钠	120mg	6%

【错误分析】

该标签未标示产品类型，不符合 QB/T 2686—2005《马铃薯片》第 8 章的规定。

QB/T 2686—2005《马铃薯片》第 8 章规定：销售包装的标签应符合 GB 7718 的规定，产品名称可以标示为马铃薯片、土豆片或薯片，还应按第 4 章的规定标明产品的类型，如“切片型”“复合型”。

该标签中未标注产品类型。

8. 饼干

示例 106

食品名称	柠檬味饼干	
配料表	小麦粉、代可可脂巧克力、食用氢化油、白砂糖、乳清粉、鸡蛋黄粉、食用盐、全脂乳粉、食品添加剂（碳酸氢钠、磷脂、蔗糖脂肪酸酯、柠檬酸、三氯蔗糖）、食用香精、柠檬粉	
净含量	40g	
生产者名称	上海 ×× 食品有限公司	
地址	上海市 ×× 区 ×× 路 × 号	
电话（传真）	021-×××××（××××）	
生产日期	2016.01.06	
保质期	210 天	QS 生产许可
贮存条件	常温，置于阴凉干燥处	
产品标准号	GB/T 20980	
产地	上海市 ×× 区	
食品生产许可证编号	QS××××0801××××	

营养成分表

项目	每 100 克	营养素参考值 %
能量	1070 千焦	13%
蛋白质	3.5 克	6%
脂肪	14.6 克	24%
—反式脂肪酸	0.4 克	
碳水化合物	27.0 克	9%
钠	163 毫克	8%

【错误分析】

该标签未标示分类名称，不符合 GB/T 20980—2007《饼干》中 8.1.2 的规定。

GB/T 20980—2007《饼干》8.1.2 规定：标签中应按第 4 章的规定标示分类名称。

GB/T 20980—2007《饼干》第 4 章将饼干按加工工艺分类为：酥性饼干、韧性饼干、发酵饼干、压缩饼干、曲奇饼干、夹心（或注心）饼干、威化饼干、蛋圆饼干、蛋卷、煎饼、装饰饼干、水泡饼干、其他饼干。

该产品属于注心饼干，应在标签中标示。

9. 固体饮料

示例 107

食品名称	高钙蛋白固体饮料
食用方法	每日 1~2 次，150ml 温水加入一勺（约 10 克）本产品，搅拌均匀即可
配料	大豆蛋白、低聚异麦芽糖、乳清蛋白粉、乳矿物盐、食用香精
净含量	600 克
保质期	24 个月
贮存条件	常温保存
产品标准号	GB/T 29602
生产日期	2015 年 12 月 19 日
生产商	上海市 ×××× 食品有限公司
地址	上海市 ×× 路 ×× 号
电话	021-××××××××
传真	021-××××××××
生产许可证	QS××××0601××××

生产许可

营养成分表

项目	每 100 克	营养素参考值 %
能量	1568 千焦	19%
蛋白质	60.0 克	100%
脂肪	2.1 克	4%
碳水化合物	27.3 克	9%
钠	1200 毫克	60%
钙	800 毫克	100%

【错误分析】

该标签未标示不同蛋白来源的混合比例，不符合 GB/T 29602—2013《固体饮料》8.1c）规定。

GB/T 29602—2013《固体饮料》8.1c）规定：复合蛋白固体饮料应标注不同蛋白来源的混合比例。

通过该产品配料可以看出：此蛋白固体饮料的蛋白来源有“大豆蛋白”和“乳清蛋白粉”，属于复合蛋白固体饮料，应标注不同蛋白来源的混合比例。可选择在配料表中标示不同蛋白来源成分的含量或直接标示不同蛋白来源的比例。

10. 巧克力及巧克力制品

示例 108

食品名称	巧克力	
配料表	白砂糖、可可液块、全脂奶粉、可可脂、食用香料、食品添加剂（大豆磷脂）	
净含量	184g	
生产者名称	上海 ×× 食品有限公司	
地址	上海市 ×× 区 ×× 路 × 号	
电话（传真）	021-×××××（××××）	
生产日期	标示于封口处	
保质期	12 个月	
贮存条件	常温，置于阴凉干燥处	生产许可
产品标准号	GB/T 19343	
产地	上海市 ×× 区	
食品生产许可证编号	QS 3110 1301××××	

营养成分表

项目	每 100 克	营养素参考值 %
能量	2247 千焦	27%
蛋白质	7.6 克	13%
脂肪	34.1 克	57%
碳水化合物	50.4 克	17%
钠	54 毫克	3%

【错误分析】

该标签未标示产品类型，不符合 GB/T 19343—2003《巧克力及巧克力制品》7.2 的规定。

GB/T 19343—2003《巧克力及巧克力制品》7.2 规定：如执行本标准，并在标签上标示了本标准的代号和顺序号，应按第 4 章标示巧克力的类型。第 4 章将巧克力分为：黑巧克力、牛奶巧克力、白巧克力。

该产品属于牛奶巧克力，应在标签中标示。

11. 湿制粉类制成品

示例 109

食品名称	春卷皮（湿制生制品）	
配料表	小麦粉、水、食用盐	
净含量	380g	
生产者名称	上海 ×× 食品有限公司	
食用方式	非即食	
地址	上海市 ×× 区 ×× 路 × 号	
电话（传真）	021-×××××（××××）	
生产日期	2016.01.06	
保质期	180 天	生产许可
贮存条件	−18℃	
产品标准号	DB 31/442	
食品生产许可证编号	QS××××0104××××	

营养成分表

项目	每 100 克	营养素参考值 %
能量	1191 千焦	14%
蛋白质	8.6 克	14%
脂肪	1.2 克	2%
碳水化合物	58.9 克	20%
钠	19 毫克	1%

【错误分析】

该标签未标示产品具体种类，不符合 DB 31/442—2009《湿制粉类制成品卫生要求》10.1 的规定。

DB 31/442—2009《湿制粉类制成品卫生要求》10.1 规定：预包装产品标签应符合 GB 7718 及其他相应法律法规的规定，并按本标准第 4 条款的要求标明产品的加工工艺（湿制生制品、湿制预熟制品、湿制熟制品）、食用方式（即食、非即食）和产品具体种类（如湿切面、湿皮类、年糕类）。湿制熟制品应标明杀菌方式，即包装后杀菌或杀菌（熟制）后包装。年糕类应标明杀菌型或非杀菌型。第 4 章将产品分为湿切面、半干面、保湿煮面、湿米粉、湿皮类、半干皮类、年糕类、粉圆类、预拌生面团等。

该产品标签中只标明产品的加工工艺（湿制生制品），未标明产品具体种类。

十四、非直接提供给消费者的预包装食品标签

示例 110

椰果果冻（餐饮原料）	
净含量	2Kg
生产日期	2015 年 12 月 30 日
保质期	18 个月
贮存条件	于阴凉干燥通风处

【错误分析】

该标签净含量的计量单位标示不规范（Kg），不符合 GB 7718—2011《食品安全国家标准　预包装食品标签通则》4.1.5.2 的规定；净含量字符的最小高度小于 6mm，不符合 GB 7718—2011《食品安全国家标准　预包装食品标签通则》4.1.5.4 的规定。

《预包装食品标签通则》(GB 7718—2011）问答（修订版）八“关于‘非直接提供给消费者的预包装食品’的情形”的解释：一是生产者提供给其他食品生产者的预包装食品；二是生产者提供给餐饮业作为原料、辅料使用的预包装食品。进口商经营的此类进口预包装食品也应按照上述规定执行。GB 7718—2011《食品安全国家标准　预包装食品标签通则》4.2 规定：非直接提供给消费者的预包装食品标签应按照 4.1 项下的相应要求标示食品名称、规格、净含量、生产日期、保质期和贮存条件，其他内容如未在标签上标注，则应在说明书或合同中注明。

案例产品为“餐饮原料”，属于“非直接提供给消费者的预包装食品”的情形，即按 GB 7718—2011《食品安全国家标准　预包装食品标签通则》4.2 的规定标示。

该标签净含量“2 Kg”及净含量字符的最小高度都未满足 GB 7718—2011《食品安全国家标准　预包装食品标签通则》4.1.5 中的规定。应标示净含量“2kg”或“2 千克”，且字符的最小高度为 6mm。

示例 111

产品名称：清纯 14 度原浆	净含量：5L
餐饮渠道销售	
原麦汁浓度：14.0 °P	酒精度≥ 5.4%vol
警示语：过量饮酒有害健康 切勿撞击，防止爆瓶	灌装（生产）日期：2015 年 12 月 8 日
合格证明：合格	许可证号：QS××××1503××××
保质期及贮运条件：保质期：7 天 0℃ ~ 5℃冷藏、避光贮运	
××啤酒（上海）有限公司出品	QS 生产许可
地址：上海市 ××××××	
售后服务热线：400111××××	

【错误分析】

该标签未在食品标签的醒目位置标示反映食品真实属性的专用名称，不符合 GB 7718—2011《食品安全国家标准　预包装食品标签通则》4.1.2.1 的规定。

同上例分析，案例产品为“餐饮渠道销售”，属于“非直接提供给消费者的预包装食品”的情形，标签应按照 4.1 项下的相应要求标示食品名称、规格、净含量、生产日期、保质期和贮存条件。此产品的真实属性为“啤酒”，而产品名称标示“清纯 14 度原浆”并不能反映产品的真实属性，应在食品标签的醒目位置清晰地标示反映食品真实属性的专用名称（啤酒）。

第二节 预包装特殊膳食用食品标签错误案例分析

一、基本要求

示例 112

营养牛奶味饼干	
净含量：100 克	
本产品添加维生素 A，有助于预防眼疾和暗视力不良	
配料表：小麦粉、白砂糖、精炼植物油、全脂奶粉、大豆分离蛋白、鸡蛋、维生素 A、焦磷酸铁、胆钙化醇（维生素 D_3）、盐酸硫胺素（维生素 B_1）、核黄素（维生素 B_2）、烟酸	
适合 6~36 个月婴幼儿食用	
产品类别：婴幼儿饼干	
贮存条件：请置于阴凉干燥处贮存	
食用方法、食用量及注意事项：有图例及说明	
×× 省 ××××× 有限公司生产	
×× 省 ×× 市 ×× 区 ×× 路 ×× 号	
联系方式：××××-××××××××	
食品生产许可证编号：QS×××× 0801 ××××	
产品标准代号：GB 10769	
生产日期：2015 年 12 月 ×× 日	
保质期：12 个月	

营养成分表

项目	每 100g	每 100kJ
能量	1838kJ	/
蛋白质	9.0g	0.49g
脂肪	11.5g	0.63g
碳水化合物	73.5g	4.0g
钠	80mg	4.4mg
维生素 A	530μgRE	28μgRE
维生素 D	7.0μg	0.37μg
维生素 B_1	400μg	21.7μg
维生素 B_2	400μg	21.7μg
烟酸	2000μg	109.0μg
铁	6.0mg	0.33mg

【错误分析】

该标签标示内容涉及疾病预防、治疗功能（有助于预防眼疾和暗视力不良），不符合 GB 13432—2013《食品安全国家标准　预包装特殊膳食用食品标签》第 3 章的规定。

GB 13432—2013《食品安全国家标准　预包装特殊膳食用食品标签》第 3 章规定：不应涉及疾病预防、治疗功能。《预包装特殊膳食用食品标签》（GB 13432—2013）问答（修订版）九“关于不应涉及疾病预防、治疗功能等内容”的解释：《食品安全法》明确规定：食品、食品添加剂的标签、说明书不得涉及疾病预防、治疗功能。特殊膳食用食品作为食品的一个类别，虽然其产品配方设计有明确的针对性，但其目的是为目标人群提供营养支持，不具有预防疾病、治疗等功能，因此，GB 13432—2013 明确要求特殊膳食用食品标签不应涉及疾病预防、治疗功能。

该标签所标示“有助于预防眼疾和暗视力不良”内容违反了此项规定。

示例 113

婴儿配方奶粉　本产品属高蛋白含量奶粉

净含量：720 克

配料表：脱脂奶粉、麦芽糊精、全脂奶粉、乳糖、植物油、低聚半乳糖（GOS）、白砂糖、二十二碳六烯酸（DHA）、低聚果糖（FOS）、牛磺酸、乙基香兰素、食品添加剂（磷脂、柠檬酸钠、氢氧化钙、柠檬酸钾、氢氧化钾）

矿物质：磷酸氢钙、氯化钾、碳酸钙、氯化镁、硫酸亚铁、硫酸锌、硫酸铜、亚硒酸钠、碘化钾

维生素：维生素 C、氯化胆碱、维生素 D_3、β-胡萝卜素、维生素 E、烟酰胺、D-泛酸钙、核黄素、盐酸硫胺素、盐酸吡哆醇、叶酸、维生素 K、生物素、维生素 B_{12}

适合 0~6 个月婴儿食用

产品类别：婴儿配方乳粉（乳基）

贮存条件：请置于阴凉干燥处贮存

不恰当的冲调不利于婴儿的健康。冲调本品时，请保证环境及操作过程的卫生，否则可能会导致不良后果

重要声明：对于 0~6 月的婴儿最理想的食品是母乳，在母乳不足或无母乳时可食用本产品。

食用方法及注意事项：每日饮用 4 次，每次 200 毫升温开水加 4 勺奶粉。

冲调说明：有图例示意

×× 省 ××××× 有限公司生产

×× 省 ×× 市 ×× 区 ×× 路 ×× 号

联系方式：××××-××××××××

食品生产许可证编号：QS×××× 0502××××

产品标准代号：GB 10765

生产日期：201× 年 ×× 月 ×× 日

保质期：18 个月

营养成分表

项目	每 100g	每 100kJ
能量	2133kJ	—
蛋白质	16.4g	0.6g
脂肪	26.0g	1.2g
碳水化合物	52.5g	2.4g
钠	145mg	7mg
维生素 A	480μgRE	25μgRE
维生素 C	226mg	10.6mg
维生素 D	9.0μg	0.48μg
维生素 E	8.80mgα-TE	0.42mgα-TE
维生素 K_1	45.0μg	2μg
维生素 B_1	600μg	32μg
维生素 B_2	600μg	32μg
维生素 B_6	500μg	27μg
维生素 B_{12}	1.30μg	0.07μg
烟酰胺	5620μg	300μg
叶酸	84.0μg	4μg
泛酸	2600μg	125μg
生物素	17.0μg	0.8μg
钾	620mg	33mg
铜	330μg	18μg
钙	510mg	27mg
镁	38.4mg	1.8mg
铁	6.5mg	0.35mg
锌	4.60mg	0.2mg
磷	388mg	20.5mg
硒	15.0μg	0.80μg
胆碱	100.0mg	5.3mg
二十二碳六烯酸（DHA）	50mg	2.7mg
二十碳四烯酸（AA）	50mg	2.7mg
低聚半乳糖（GOS）	2.00g	0.11g
低聚果糖（FOS）	1.00g	0. 05g
牛磺酸	40mg	2.0mg

【错误分析】

该标签对 0~6 月龄婴儿配方食品中的必需成分进行含量声称（高蛋白），不符合 GB 13432—2013《食品安全国家标准 预包装特殊膳食用食品标签》第 3 章的规定。

GB 13432—2013《食品安全国家标准 预包装特殊膳食用食品标签》第 3 章规定：不应对 0~6 月龄婴儿配方食品中的必需成分进行含量声称和功能声称。《预包装特殊膳食用食品标签》（GB 13432—2013）问答（修订版）十六“关于 0~6 月龄婴儿配方食品中的必需成分的含量声称和功能声称”的解释：我国食品安全国家标准对 0~6 个月婴儿配方食品中必需成分的含量值有明确规定，婴儿配方食品必须符合标准规定的含量要求。由于 0~6 月龄婴儿需要全面、平衡的营养，不应对其必需成分进行声称。本规定与国际食品法典委员会（CAC）标准和大多数国家的相关规定一致。

“蛋白质”属于 GB 10765—2010《食品安全国家标准 婴儿配方食品》规定的必需成分，该标签中标示“本产品属高蛋白含量奶粉”内容属于对 0~6 月龄婴儿配方食品中的必需成分进行含量声称，违反了此项规定。

二、能量和营养成分的标示

示例 114

营养磨牙饼干

净含量：50 克

配料表：小麦粉、白砂糖、精炼植物油、全脂奶粉、大豆分离蛋白、鸡蛋、碳酸钙、焦磷酸铁、胆钙化醇（维生素 D_3）、盐酸硫胺素（维生素 B_1）、核黄素（维生素 B_2）、烟酸

适合 6~36 个月婴幼儿食用

产品类别：婴幼儿饼干

贮存条件：请置于阴凉干燥处贮存。

食用方法、食用量及注意事项：有图例及说明

×× 省 ××××× 有限公司生产

×× 省 ×× 市 ×× 区 ×× 路 ×× 号

联系方式：××××-×××××××××

食品生产许可证编号：QS×××× 0801 ××××

产品标准代号：GB 10769

生产日期：2015 年 12 月 ×× 日

保质期：12 个月

营养成分表

项目	每 100g	每 100kJ
能量	1838kJ	/
蛋白质	9.0g	0.49g
脂肪	11.5g	0.63g
碳水化合物	73.5g	4.0g
钠	80mg	4.4mg
维生素 D	7.0μg	0.37μg
维生素 B_1	400μg	21.7μg
维生素 B_2	400μg	21.7μg
烟酸	2000μg	109.0μg
铁	6.0mg	0.33mg

【错误分析】

该标签未在营养成分表中标示钙的含量，不符合 GB 13432—2013《食品安全国家标准　预包装特殊膳食用食品标签》4.3.1 的规定。

GB 13432—2013《食品安全国家标准　预包装特殊膳食用食品标签》4.3.1 规定：如果产品根据相关法规或标准，添加了可选择性成分或强化了某些物质，则还应标示这些成分及其含量。

该产品使用了营养强化剂“碳酸钙”，应在营养成分表中标示“钙”含量。

示例 115

产品名称	纯营养米粉	
配料表	大米、维生素 A、维生素 B_1、碳酸钙、焦磷酸铁、氧化锌	
净含量	300 克	
产品标准代号	GB 10769	
生产日期	2016.1.21	
保质期	18 个月	生产许可
贮存条件	阴凉干燥处保存	
食品生产许可证编号	QS×××× 2701 ××××	
生产者	××××食品有限公司	
生产地址	××省××市××路××号	
联系方式	××××-××××××××	
产地	××省××市	
适宜人群	6 个月以上婴幼儿	
食用方法、食用量及注意事项	有具体图示	婴幼儿谷物辅助食品
需用牛奶或其他含蛋白质的适宜液体冲调		

营养成分表

项目	每 100 克	每 100 千焦
能量	≥ 1588 千焦	/
蛋白质	≥ 5.6 克	≥ 0.35 克
脂肪	≤ 8.6 克	≤ 0.54 克
碳水化合物	≥ 85.8 克	≥ 5.4 克
钠	≤ 349 毫克	≤ 22 毫克
维生素 A	≥ 233 微克视黄醇当量	≥ 15 微克视黄醇当量
维生素 B_1	≥ 210 微克	≥ 13.2 微克
钙	≥ 220 毫克	≥ 13.9 毫克
铁	≥ 4.7 毫克	≥ 0.29 毫克
锌	3.40~3.45 毫克	0.22~0.23 毫克

【错误分析】

该标签营养成分表达方式标示不规范，不符合 GB 13432—2013《食品安全国家标准　预包装特殊膳食用食品标签》4.3.2 的规定。

GB 13432—2013《食品安全国家标准　预包装特殊膳食用食品标签》4.3.2 规定：预包装特殊膳食用食品中能量和营养成分的含量应以每 100g（克）和（或）每 100mL（毫升）和（或）每份食品可食部中的具体数值来标示。《预包装特殊膳食用食品标签》（GB 13432—2013）问答（修订版）十一“关于营养成分表中能量和营养成分的标示方式”的解释：GB 13432—2013 修订过程中，起草组开展了市场调研，考虑国内产品标签实际情况，借鉴国际通行做法，允许用“具体数值”的形式标示能量和营养成分含量，同时规定允许误差为不低于标示值的 80%，并符合相应产品标准的要求。不再使用原 GB 13432—2004 中“范围值”“最低值或最高值”等标示方式。

该标签应用“具体数值”的形式标示能量和营养成分含量。

示例 116

数字营养饼干
添加多种营养素

净含量：50 克

配料表：小麦粉、白砂糖、精炼植物油、鲜鸡蛋、奶油、全脂奶粉、玉米淀粉、食用盐、维生素 D_3（胆钙化醇）、维生素 B_1（硝酸硫胺素）、维生素 B_2（核黄素）、烟酸、碳酸钙、焦磷酸铁、葡萄糖酸锌、碳酸氢铵、碳酸氢钠

适合六个月以上婴幼儿食用

产品类别：婴幼儿饼干

贮存条件：请置于阴凉干燥处贮存。开封后，应封紧包装口

食用方法及注意事项：宝宝应坐着食用，以免噎着。请在大人的看护下食用。建议每日食用 5~20 克

××省×××××乳业有限公司生产
××省××市××区××路××号
联系方式：××××-×××××××××
食品生产许可证编号：QS××××0801××××
产品标准代号：GB 10769
生产日期：201×年××月××日
保质期：12 个月

营养成分表

项目	每 100g
能量	1830kJ
蛋白质	8.3g
脂肪	12.0g
碳水化合物	70.0g
维生素 D	5.4μg
维生素 B_1	330μg
维生素 B_2	400μg
烟酸	2200μg
钙	350mg
铁	5.5mg
锌	4.10mg
钠	370mg

【错误分析】

该标签营养成分表未标示“100 千焦(100kJ)”的含量，不符合 GB 13432—2013《食品安全国家标准　预包装特殊膳食用食品标签》4.3.2 和 GB 10769—2010《食品安全国家标准　婴幼儿谷类辅助食品》6.1 的规定。

GB 13432—2013《食品安全国家标准　预包装特殊膳食用食品标签》4.3.2 规定：如有必要或相应产品标准中另有要求的，还应标示出每 100kJ（千焦）产品中

各营养成分的含量。GB 10769—2010《食品安全国家标准 婴幼儿谷类辅助食品》6.1 规定：产品标签应符合 GB 13432 的规定，营养成分表的标识应增加“100 千焦(100kJ)”含量的标示。

该产品属于特殊膳食中婴幼儿谷类辅助食品，营养成分表仅标示了营养成分的含量，未标示每 100kJ（千焦）产品中各营养成分的含量。

三、食用方法和适宜人群

示例 117

产品名称	苹果香蕉泥
配料表	纯净水、苹果、香蕉
净含量	65 克
产品标准代号	GB 10770
生产日期	2016.2.15
保质期	12 个月
贮存条件	阴凉干燥处保存
食品生产许可证编号	QS×××× 0901 ××××
生产者	×××× 食品有限公司
生产地址	×× 省 ×× 市 ×× 路 ×× 号
联系方式	××××-××××××××
产地	×× 省 ×× 市
适宜人群	6 个月至 36 个月适用
食用方法及食用注意事项	两岁以下宝宝建议挤出置于宝宝专用容器食用； 两岁以上宝宝可以直接吸食，并最好有专人看护

营养成分表

项目	每 100 克	每 100 千焦
能量	162 千焦	/ 千焦
蛋白质	0.02 克	0.01 克
脂肪	1.0 克	0.62 克
碳水化合物	9.0 克	5.6 克
钠	40 毫克	25 毫克

【错误分析】

该标签未标示每日或每餐食用量，不符合 GB 13432—2013《食品安全国家标准 预包装特殊膳食用食品标签》4.4.1 的规定。

GB 13432—2013《食品安全国家标准　预包装特殊膳食用食品标签》4.4.1 规定：应标示预包装特殊膳食用食品的食用方法、每日或每餐食用量，必要时应标示调配方法或复水再制方法。

该产品标签上只标示了食用方法，没有标示每日或每餐食用量。

示例 118

<table>
<tr><td colspan="2">幼儿配方奶粉</td></tr>
<tr><td colspan="2">净含量：720 克</td></tr>
<tr><td colspan="2">配料表：脱脂奶粉、麦芽糊精、全脂奶粉、乳糖、植物油、低聚半乳糖（GOS）、白砂糖、二十二碳六烯酸（DHA）、乙基香兰素、食品添加剂（磷脂、柠檬酸钠、氢氧化钙、柠檬酸钾、氢氧化钾）
矿物质：磷酸氢钙、氯化钾、碳酸钙、氯化镁、硫酸亚铁、硫酸锌、硫酸铜、亚硒酸钠
维生素：维生素 C、氯化胆碱、维生素 D_3、β-胡萝卜素、维生素 E、烟酰胺、D-泛酸钙、核黄素、盐酸硫胺素、盐酸吡哆醇、叶酸、维生素 K、生物素、维生素 B_{12}</td></tr>
<tr><td colspan="2">适合一岁以上幼儿食用</td></tr>
<tr><td colspan="2">产品类别：幼儿配方乳粉（乳基）</td></tr>
<tr><td colspan="2">贮存条件：请置于阴凉干燥处贮存</td></tr>
<tr><td colspan="2">不恰当的冲调不利于婴幼儿的健康。冲调本品时，请保证环境及操作过程的卫生，否则可能会导致不良后果</td></tr>
<tr><td colspan="2">食用方法及注意事项：满 12 个月以上的幼儿每日饮用 4 次，每次 200 毫升温开水加 4 勺奶粉。</td></tr>
<tr><td colspan="2">冲调说明：有图例示意</td></tr>
<tr><td>××省×××××有限公司生产</td><td rowspan="7"></td></tr>
<tr><td>××省××市××区××路××号</td></tr>
<tr><td>联系方式：××××-××××××××</td></tr>
<tr><td>食品生产许可证编号：QS××××0502××××</td></tr>
<tr><td>产品标准代号：GB 10767</td></tr>
<tr><td>生产日期：201×年××月××日</td></tr>
<tr><td>保质期：18 个月</td></tr>
</table>

营养成分表

项目	每 100g	每 100kJ
能量	1884kJ	—
蛋白质	16.0g	0.8g
脂肪	16.0g	0.8g
碳水化合物	58.5g	3.1g
钠	240mg	13mg
维生素 A	480μgRE	25μgRE
维生素 D	9.0μg	0.48μg
维生素 C	38.0mg	2.0mg

营养成分表		
项目	每 100g	每 100kJ
维生素 E	14.00mg α-TE	0.74mg α-TE
维生素 K_1	45.0μg	2μg
维生素 B_1	600μg	32μg
维生素 B_2	600μg	32μg
维生素 B_6	500μg	27μg
维生素 B_{12}	1.30μg	0.07μg
烟酰胺	7500μg	398μg
叶酸	80μg	4μg
泛酸	2800μg	149μg
生物素	15.0μg	0.6μg
钾	810mg	43mg
镁	34.0mg	1.8mg
铜	330μg	18μg
钙	700 mg	37mg
铁	6.5mg	0.35mg
锌	4.60mg	0.2mg
磷	500mg	26.5mg
硒	15.0μg	0.80μg
胆碱	100.0mg	5.3mg
二十二碳六烯酸（DHA）	50mg	2.7mg
二十碳四烯酸（AA）	50mg	2.7mg
低聚半乳糖（GOS）	2.00g	0.11g
低聚果糖（FOS）	1.00g	0. 05g

【错误分析】

该产品标签适宜人群标示不规范，不符合 GB 13432—2013《食品安全国家标准　预包装特殊膳食用食品标签》4.4.2 和 GB 10767—2010《食品安全国家标准　较大婴儿和幼儿配方食品》3.2 的规定。

GB 13432—2013《食品安全国家标准　预包装特殊膳食用食品标签》4.4.2 规定：应标示预包装特殊膳食用食品的适宜人群。GB 10767—2010《食品安全国家标准　较大婴儿和幼儿配方食品》3.2 规定：幼儿指 12~36 个月龄的人。产品的适宜人群应为此阶段人群，标签中适宜人群可以标注“12~36 个月龄”或“1~3 周岁”等同义年龄段。

该产品是幼儿配方奶粉，标签上标注“适合一岁以上幼儿食用”与标准规定年龄段有差异（3岁以上不属于特殊膳食人群），属于适宜人群标示不规范。

四、能量和营养成分的功能声称

示例 119

<table>
<tr><td colspan="2">较大婴儿配方奶粉</td></tr>
<tr><td colspan="2">钙是人体骨骼和牙齿的主要组成成分，有助于骨骼和牙齿的发育，许多生理功能也需要钙的参与。</td></tr>
<tr><td colspan="2">净含量：900克</td></tr>
<tr><td colspan="2">配料表：脱脂奶粉、麦芽糊精、全脂奶粉、乳糖、植物油、低聚半乳糖（GOS）、白砂糖、二十二碳六烯酸（DHA）、低聚果糖（FOS）、乙基香兰素、食品添加剂（磷脂、柠檬酸钠、氢氧化钙、柠檬酸钾、氢氧化钾）
矿物质：磷酸氢钙、氯化钾、碳酸钙、氯化镁、硫酸亚铁、硫酸锌、硫酸铜、亚硒酸钠
维生素：维生素C、氯化胆碱、维生素D_3、β-胡萝卜素、维生素E、烟酰胺、D-泛酸钙、核黄素、盐酸硫胺素、盐酸吡哆醇、叶酸、维生素K、生物素、维生素B_{12}</td></tr>
<tr><td colspan="2">适合6~12个月龄较大婴儿食用</td></tr>
<tr><td colspan="2">产品类别：较大婴儿配方乳粉（乳基）</td></tr>
<tr><td colspan="2">贮存条件：请置于阴凉干燥处贮存</td></tr>
<tr><td colspan="2">须配合添加辅助食品</td></tr>
<tr><td colspan="2">不恰当的冲调不利于婴幼儿的健康。冲调本品时，请保证环境及操作过程的卫生，否则可能会导致不良后果</td></tr>
<tr><td colspan="2">食用方法及注意事项：每日饮用4次，每次200毫升温开水加4勺奶粉。</td></tr>
<tr><td colspan="2">冲调说明：有图例示意</td></tr>
<tr><td>××省×××××有限公司生产</td><td rowspan="7"></td></tr>
<tr><td>××省××市××区××路××号</td></tr>
<tr><td>联系方式：××××-××××××××</td></tr>
<tr><td>食品生产许可证编号：QS××××0502××××</td></tr>
<tr><td>产品标准代号：GB 10767</td></tr>
<tr><td>生产日期：201×年××月××日</td></tr>
<tr><td>保质期：18个月</td></tr>
</table>

营养成分表		
项目	每 100g	每 100kJ
能量	1954kJ	—
蛋白质	15.2g	0.8g
脂肪	20.4g	1.0g
碳水化合物	52.5g	2.7g
钠	185mg	9.5mg
维生素 A	526μgRE	27μgRE
维生素 D	8.0μg	0.41μg
维生素 C	39.0mg	2.0mg
维生素 E	8.06mgα-TE	0.41mgα-TE
维生素 K_1	41.0μg	2μg
维生素 B_1	410μg	21μg
维生素 B_2	940μg	48μg
维生素 B_6	330μg	17μg
维生素 B_{12}	2.00μg	0.10μg
烟酰胺	3800μg	194μg
叶酸	100μg	5μg
泛酸	2500μg	128μg
生物素	13.0μg	0.7μg
钾	670mg	34mg
镁	39.0mg	2.0mg
铜	318μg	16μg
钙	576 mg	29mg
铁	6.5mg	0.33mg
锌	4.20mg	0.2mg
磷	356mg	18.2mg
硒	14.0μg	0.72μg
胆碱	120.0mg	6.1mg
二十二碳六烯酸（DHA）	80.0mg	4.1mg
二十碳四烯酸（AA）	80.0mg	4.1mg
低聚半乳糖（GOS）	5.50g	0.28g
低聚果糖（FOS）	5.50g	0. 27g

【错误分析】

该标签营养功能声称用语（钙是人体骨骼和牙齿的主要组成成分，有助于骨骼和牙齿的发育，许多生理功能也需要钙的参与）标示不规范，不符合 GB 13432—2013《食品安全国家标准　预包装特殊膳食用食品标签》5.3.1 的规定。

GB 13432—2013《食品安全国家标准　预包装特殊膳食用食品标签》5.3.1 规定：符合含量声称要求的预包装特殊膳食用食品，可对能量和（或）营养成分进行功能声称。功能声称的用语应选择使用 GB 28050 中规定的功能声称标准用语。GB 28050—2011《食品安全国家标准　预包装食品营养标签通则》5.3 规定：当某营养成分的含量标示值符合含量声称或比较声称的要求和条件时，可使用附录 D 中相应的一条或多条营养成分功能声称标准用语。不应对功能声称用语进行任何形式的删改、添加和合并。

该标签营养功能声称用语属合并了相应的标准用语，正确的标示应为“钙是人体骨骼和牙齿的主要组成成分，许多生理功能也需要钙的参与。钙有助于骨骼和牙齿的发育。”

五、产品执行标准或强制性标准中的特殊要求

1. 婴幼儿谷类辅助食品

示例 120

黑芝麻营养面条
添加黑芝麻粉、黑米粉

净含量：52 克（2×26 克）

配料表：小麦粉、浓缩乳清蛋白粉、低聚异麦芽糖、黑芝麻粉（添加量 1.0%）、黑米粉（添加量 0.4%）、大豆分离蛋白、碳酸钙、磷酸氢钙、焦磷酸铁、氧化锌、醋酸视黄酯（维生素 A）、胆钙化醇（维生素 D_3）、硝酸硫胺素（维生素 B_1）、核黄素（维生素 B_2）、烟酸

适合 6~36 个月婴幼儿食用

贮存条件：请置于阴凉干燥处贮存

食用方法及每日食用量：在沸水中煮熟后食用，建议每日食用 1－2 袋（约 26g~52g）。

×× 省 ××××× 有限公司生产

×× 省 ×× 市 ×× 区 ×× 路 ×× 号

联系方式：××××-×××××××××

食品生产许可证编号：QS××××0103××××

产品标准代号：GB 10769

生产日期：201× 年 ×× 月 ×× 日

保质期：12 个月

营养成分表

项目	每 100g	每 100kJ
能量	1488kJ	/
蛋白质	11.0g	0.74g
脂肪	4.5g	0.3g
碳水化合物	74.0g	5.0g
钠	10mg	0.7mg
维生素 A	300μgRE	20μgRE
维生素 D	5.5μg	0.37μg
维生素 B_1	600μg	40.3μg
维生素 B_2	600μg	40.3μg
烟酸	4000μg	268.8μg
泛酸	1500μg	100.8μg
钙	320 mg	21.5mg
铁	5.0mg	0.34mg
锌	3.60mg	0.24mg

【错误分析】

该标签未标示产品类别，不符合 GB 10769—2010《食品安全国家标准　婴幼儿谷类辅助食品》6.2 的规定。

GB 10769—2010《食品安全国家标准　婴幼儿谷类辅助食品》6.2 规定：标签中应按 4.1~4.4 的规定标明产品的类别名称，如“婴幼儿高蛋白谷物辅助食品”等。

GB 10769—2010《食品安全国家标准　婴幼儿谷类辅助食品》第 4 章将婴幼儿谷类辅助食品分为四类：婴幼儿谷类辅助食品、婴幼儿高蛋白谷物辅助食品、婴幼儿生制类谷物辅助食品、婴幼儿饼干或其他婴幼儿谷物辅助食品。

该产品是挂面，属于“婴幼儿生制类谷物辅助食品”，应当在标签中标明。

2. 婴幼儿罐装辅助食品

示例 121

产品名称	果汁罐头
配料表	纯净水、橙浓缩汁
净含量	90 克
产品标准代号	GB 10770
生产日期	2015.12.31
保质期	12 个月
贮存条件	阴凉干燥处保存
食品生产许可证编号	QS××××0901××××
生产者	××××食品有限公司
生产地址	××省××市××路××号
联系方式	××××-××××××××
产地	××省××市
适宜人群	6 个月-36 个月婴幼儿食用
食用方法、食用量及注意事项	两岁以下宝宝建议挤出置于宝宝专用容器食用； 两岁以上宝宝可以直接吸食，并最好有专人看护 建议每次 1 袋，每日 1~2 次

生产许可

营养成分表

项目	每 100 克	每 100 千焦
能量	186 千焦	/ 千焦
蛋白质	0.1 克	0.05 克
脂肪	1.0 克	0.54 克
碳水化合物	10.0 克	5.4 克
钠	40 毫克	22 毫克

【错误分析】

该标签未标示果蔬原汁含量，不符合 GB 10770—2010《食品安全国家标准　婴幼儿罐装辅助食品》6.3 的规定。

GB 10770—2010《食品安全国家标准　婴幼儿罐装辅助食品》6.3 规定：汁类罐装食品应标明产品中所含果蔬原汁或原浆的含量。

该产品属于汁类罐装食品，应在标签中标示果蔬原汁含量。

3. 特殊医学用途婴儿配方食品

示例 122

特殊医学用途婴儿配方食品	
净含量：800 克	
配料表：乳糖、植物油、乳清蛋白粉、二十二碳六烯酸（DHA）、乙基香兰素、食品添加剂（磷脂、柠檬酸钠、氢氧化钙、柠檬酸钾、氢氧化钾） 矿物质：磷酸氢钙、氯化钾、碳酸钙、氯化镁、硫酸亚铁、硫酸锌、硫酸铜、亚硒酸钠 维生素：维生素 C、氯化胆碱、维生素 D_3、β-胡萝卜素、维生素 E、烟酰胺、D-泛酸钙、核黄素、盐酸硫胺素、盐酸吡哆醇、叶酸、维生素 K、生物素、维生素 B_{12}	
适用的特殊医学状况：乳蛋白过敏高风险婴儿　0~12 个月	
产品类别：乳蛋白部分水解配方	
请在医生或临床营养师指导下使用	
贮存条件：请置于阴凉干燥处贮存	
食用方法及注意事项：每日饮用 4 次。每次 200 毫升温开水加 4 勺奶粉。	
冲调说明：有图例示意	
×× 省 ××××× 有限公司生产	
×× 省 ×× 市 ×× 区 ×× 路 ×× 号	
联系方式：××××-××××××××	
产品标准代号：GB 25596—2010	适宜人群：0~12 个月
生产日期：201× 年 ×× 月 ×× 日	
保质期：18 个月	

营养成分表

项目	每 100g	每 100kJ
能量	2133kJ	/
蛋白质	9.75g	0.45g
脂肪	26.0g	1.2g
碳水化合物	52.5g	2.4g
钠	145mg	7mg
维生素 A	480μgRE	25μgRE
维生素 D	9.0μg	0.48μg
维生素 C	108.0mg	5.0mg
维生素 E	8.80mgα-TE	0.42mgα-TE
维生素 K_1	45.0μg	2μg
维生素 B_1	600μg	32μg
维生素 B_2	600μg	32μg
维生素 B_6	500μg	27μg
维生素 B_{12}	1.30μg	0.07μg
烟酰胺	7500μg	398μg
叶酸	84.0μg	4μg
泛酸	2600μg	125μg
生物素	17.0μg	0.8μg
钾	810mg	43mg
镁	52.0mg	2.4mg
铜	330μg	18μg
钙	700 mg	37mg
铁	6.5mg	0.35mg
锌	4.60mg	0.2mg
磷	500mg	26.5mg
硒	15.0μg	0.80μg
胆碱	100.0mg	5.3mg
二十二碳六烯酸（DHA）	50mg	2.7mg
二十碳四烯酸（AA）	50mg	2.7mg

【错误分析】

该标签未标明“6 月龄以上特殊医学状况婴儿食用本品时，应配合添加辅助食品”，不符合 GB 25596—2010《食品安全国家标准　特殊医学用途婴儿配方食品通则》5.1.2 的规定。

GB 25596—2010《食品安全国家标准　特殊医学用途婴儿配方食品通则》5.1.2 规定：标签中应明确注明特殊医学用途婴儿配方食品的类别（如：无乳糖配方）和适用的特殊医学状况。早产 / 低出生体重儿配方食品，还应标示产品的渗透压。可供 6 月龄以上婴儿食用的特殊医学用途配方食品，应标明“6 月龄以上特殊医学状况婴儿食用本品时，应配合添加辅助食品”。

该产品适宜人群为 0~12 个月婴儿，属于“可供 6 月龄以上婴儿食用的特殊医学用途配方食品”，应标明“6 月龄以上特殊医学状况婴儿食用本品时，应配合添加辅助食品”。

4. 特殊医学用途配方食品

示例 123

全营养配方粉　特殊医学用配方食品

净含量：900 克

配料表：水解玉米淀粉、麦芽糊精、植物油、酪蛋白粉（添加量 12.47%）、白砂糖、分离大豆蛋白（添加量 3.70%）、菊粉（添加量 2.21%）、低聚果糖 FOS（2.21%）、分离牛奶蛋白、柠檬酸钠、氢氧化钙、柠檬酸钾、乙基香兰素、磷酸氢钙、氯化钾、碳酸钙、氯化镁、磷脂、硫酸亚铁、硫酸锌、硫酸铜、亚硒酸钠、碘化钾、维生素 C、氯化胆碱、维生素 D_3、β-胡萝卜素、维生素 E、烟酰胺、D-泛酸钙、核黄素、盐酸硫胺素、盐酸吡哆醇、叶酸、维生素 K、生物素、维生素 B_{12}

适用于成人及 10 岁以上儿童
不适用于非目标人群使用，不适宜有半乳糖血症的病人

产品类别：全营养配方食品

请在医生或临床营养师指导下使用

贮存条件：请置于阴凉干燥处贮存

食用方法及注意事项：每日饮用 2 次，每次 230 毫升温开水冲调 53.8 克本品。

冲调说明：有图例示意

×× 省 ××××× 有限公司生产

×× 省 ×× 市 ×× 区 ×× 路 ×× 号

联系方式：××××-×××××××××

产品标准代号：GB 29922—2013
食品生产许可证号：QS××××　××××　××××

适宜人群：需要加强营养补充及（或）营养支持的人群

生产日期：201× 年 ×× 月 ×× 日

保质期：18 个月

营养成分表

项目	每 100g	每 100kJ
能量	1801kJ	/
蛋白质	15.90g	0.88g
脂肪	14.00g	0.78g
碳水化合物	57.40g	3.19g
膳食纤维	4.30g	0.24g
钠	360mg	20mg
维生素 A	450μgRE	25μgRE
维生素 D	4.5μg	0.25μg
维生素 C	54.0mg	3.0mg
维生素 E	6.0mgα-TE	0.33mgα-TE
维生素 K_1	21.6μg	1.2μg
维生素 B_1	800μg	40μg
维生素 B_2	800μg	40μg
维生素 B_6	1000μg	60μg
维生素 B_{12}	1.40μg	0.08μg
烟酰胺	5.2mg	0.29mg
泛酸	3.8mg	0.21mg
叶酸	115.3μg	6.4μg
生物素	19μg	1.1μg

营养成分表		
项目	每 100g	每 100kJ
钾	603mg	34mg
铜	257μg	14μg
钙	405 mg	23mg
铁	4.5mg	0.25mg
镁	108mg	6.0mg
锌	4.7mg	0.26mg
磷	270mg	15mg
硒	23μg	1.3μg
碘	32.4μg	1.8μg
胆碱	116mg	6.4mg

【错误分析】

该标签未标示“本品禁止用于肠外营养支持和静脉注射”，不符合 GB 29922—2013《食品安全国家标准　特殊医学用途配方食品通则》4.1.4 的规定。

GB 29922—2013《食品安全国家标准　特殊医学用途配方食品通则》4.1.4 规定：标签中应标示“本品禁止用于肠外营养支持和静脉注射”。

该标签中应标示“本品禁止用肠外营养支持和静脉注射”。

第三节　食品添加剂标识错误案例分析

一、食品添加剂标识基本要求

示例 124

咖啡因　食品添加剂	
本产品：预防衰老、提神醒脑、减轻疲劳，今年二十明年十八	
配料	咖啡因
净含量	100 克
保质期	12 个月
贮存条件	常温下存于避光干燥处
生产日期	2015.12.12
生产商	上海 ×××× 食品添加剂有限公司
地址	×××× 市 ×××× 路 ×××× 号
联系方式	www.×××××.com
产品标准号	GB 14758
使用方法	适量缓慢添加于所需产品中并均匀搅拌
使用范围	可乐型碳酸饮料
使用量	≤0.15‰
生产许可证号	沪 XK13-217-××××

【错误分析】

该标签以虚假、夸大的文字介绍食品添加剂和标注具有预防、治疗疾病作用的内容，不符合 GB 29924—2013《食品安全国家标准　食品添加剂标识通则》3.3 和 3.6 的规定。

GB 29924—2013《食品安全国家标准　食品添加剂标识通则》3.3 规定：应真实、准确，不应以虚假、夸大、使食品添加剂使用者误解或欺骗性的文字、图形等方式介绍食品添加剂，也不应利用字号大小或色差误导食品添加剂使用者。3.6 规定：不应标注或者暗示具有预防、治疗疾病作用的内容。

该标签标示“预防衰老、提神醒脑、减轻疲劳，今年二十明年十八”内容不符合上述两条条款，应删除此类产品介绍文字。

二、名称

示例 125

焦糖色（普通法）(非零售）	
配料	焦糖色
净含量	500 毫升
保质期	24 个月
贮存条件	常温下存于避光干燥处
生产日期	2016.5.20
生产商	上海 ×××× 食品科技发展有限公司
地址	×××× 市 ×××× 路 ×××× 号
联系方式	×××××
产品标准号	GB 1886.64
使用方法	用水稀释后使用
使用范围	醋、酱油、复合调味料
使用量	按生产需要适量使用
生产许可证号	沪 XK13-217-××××

【错误分析】

该标签未标示“食品添加剂”字样，不符合 GB 29924—2013《食品安全国家标

准　食品添加剂标识通则》4.1.1 的规定。

GB 29924—2013《食品安全国家标准　食品添加剂标识通则》4.1.1 规定：应在食品添加剂标签的醒目位置，清晰地标示“食品添加剂”字样。

该标签未标示“食品添加剂”字样。

示例 126

苹果酸（非零售）食品添加剂	
配料	DL-苹果酸
净含量	1 千克
保质期	24 个月
贮存条件	常温下存于避光干燥处
生产日期	2015.12.25
生产商	上海 ×××× 食品有限公司
地址	×××× 市 ×××× 路 ×××× 号
联系方式	021-××××××××
产品标准号	GB 25544
使用方法	与部分物料预混合后使用
使用范围、使用量	按 GB 2760 规定食品中适量使用（GB 2760—2014 中表 A.3 列食品除外）
生产许可证号	沪 XK13-217-××××

【错误分析】

该标签食品添加剂名称标示不规范，不符合 GB 29924—2013《食品安全国家标准　食品添加剂标识通则》4.1.2 的规定。

GB 29924—2013《食品安全国家标准　食品添加剂标识通则》4.1.2 规定：单一品种食品添加剂应按 GB 2760、食品添加剂的产品质量规格标准和国家主管部门批准使用的食品添加剂中规定的名称标示食品添加剂的中文名称。若 GB 2760、食品添加剂的产品质量规格标准和国家主管部门批准使用的食品添加剂中已规定了某食品添加剂的一个或几个名称时，应选用其中的一个。

该产品在 GB 2760、食品添加剂的产品质量规格标准和国家主管部门批准使用的食品添加剂中规定的名称为“DL-苹果酸”，产品名称应标示为 DL-苹果酸。

示例 127

柠檬香精	
食品添加剂	
净含量	25 毫升
保质期	12 个月
配料	食品用香料
贮存条件	干燥、密封、通风、阴凉、避光
生产日期	2016.2.2
生产商	×××× 食用香精香料公司
地址	×××× 市 ×××× 路 ×××× 号
产品标准号	GB 30616
联系方式	021-××××××××
使用方法	直接添加
使用范围、使用量	按 GB 2760 规定食品中适量使用
生产许可证号	XK13-217-××××
警告	不可直接食用

【错误分析】

该标签未标示“食品用香精”字样，不符合 GB 29924—2013《食品安全国家标准　食品添加剂标识通则》4.1.5 的规定。

GB 29924—2013《食品安全国家标准　食品添加剂标识通则》4.1.5 规定：食品用香精应使用与所标示产品的香气、香味、生产工艺等相适应的名称和型号，且不应造成误解或混淆，应明确标示“食品用香精”字样。

该标签未标示“食品用香精”字样。

三、成分或配料表

示例 128

复配熟肉制品稳定增稠剂	
食品添加剂（非零售）	
配料	魔芋粉、明胶、卡拉胶、羧甲基纤维素钠、氯化钾、黄原胶、三聚磷酸钠、六偏磷酸钠
净含量	100g
保质期	12 个月
贮存条件	常温下存于避光干燥处
生产日期	2015.11.9
生产商	上海 ×××× 食品科技发展有限公司
地址	×××× 市 ×××× 路 ×××× 号
联系方式	021-××××××××
产品标准号	GB 26687—2011
使用方法	与部分物料预混合后使用
使用范围	熟肉制品
使用量	不大于 50g/kg
生产许可证号	沪 XK13-217-××××

【错误分析】

该标签配料顺序标示不规范，不符合 GB 29924—2013《食品安全国家标准　食品添加剂标识通则》4.2.1.2 的规定。

GB 29924—2013《食品安全国家标准　食品添加剂标识通则》4.2.1 规定：除食品用香精以外的食品添加剂成分或配料表的标示要求。4.2.1.2 规定：如果单一品种或复配食品添加剂中含有辅料，辅料应列在各单一品种食品添加剂之后，并按辅料含量递减顺序排列。

该产品属于复配食品添加剂，配料中魔芋粉是辅料，应该标示在各单一品种食品添加剂之后。食品添加剂的配料不是按照递减顺序标示，而是先标示食品添加剂，再标示辅料，其中食品添加剂和辅料分别按照递减顺序标示。

示例 129

可乐味食品用香精	
食品添加剂 食品用香精	
净含量	250 克
保质期	9 个月
贮存条件	干燥、密封、通风、阴凉、避光
生产日期	2015-06-24
生产商	×××× 食用香精香料公司
地址	×××× 市 ×××× 路 ×××× 号
联系方式	021-××××××××
产品标准号	GB 30616—2014
使用方法	直接添加
使用范围、使用量	按 GB 2760 规定食品中适量使用
生产许可证号	XK13-217-××××
警告	不可直接食用

【错误分析】

该标签未标示成分或配料表，不符合 GB 29924—2013《食品安全国家标准　食品添加剂标识通则》4.2.2 的规定。

GB 29924—2013《食品安全国家标准　食品添加剂标识通则》4.2.2“食品用香精的成分或配料表的标示要求”规定：食品用香精中的食品用香料应以“食品用香料”字样标示，不必标示具体名称；在食品用香精制造或加工过程中加入的食品用香精辅料用“食品用香精辅料”字样标示；在食品用香精中加入的甜味剂、着色剂、咖啡因等食品添加剂应按 GB 2760、食品添加剂的产品质量规格标准和国家主管部门批准使用的食品添加剂中的规定标示具体名称。

该产品是食品用香精，应按照上述要求标示成分或配料表。

四、使用范围、用量和使用方法

示例 130

复配增稠剂	
食品添加剂（非零售）	
配料	瓜尔胶、羧甲基纤维素钠、微晶纤维素、卡拉胶、魔芋粉
净含量	100g
保质期	12 个月
贮存条件	常温下存于避光干燥处
生产日期	2015.11.9
生产商	上海 ×××× 食品科技发展有限公司
地址	×××× 市 ×××× 路 ×××× 号
联系方式	021-××××××××
产品标准号	GB 26687—2011
使用方法	与部分物料预混合后使用
使用范围、使用量	各类食品中适量添加
生产许可证号	沪 XK13-217-××××

【错误分析】

该标签标示的食品添加剂使用范围和使用量不规范，不符合 GB 29924—2013《食品安全国家标准　食品添加剂标识通则》4.3 的规定。

GB 29924—2013《食品安全国家标准　食品添加剂标识通则》4.3 规定：应在 GB 2760 及国家主管部门批准使用的食品添加剂的范围内选择标示食品添加剂使用范围和用量，并标示使用方法。

该产品的配料食品添加剂虽然都是 GB 2760 中表 A.2 可在各类食品中按生产需要适量使用的食品添加剂名单的食品添加剂。但表 A.2 中食品添加剂还需满足表 A.3 按生产需要适量使用的食品添加剂所例外的食品类别名单。即就算使用表 A.2 中食品添加剂，也不是所有食品都可以按生产需要适量使用。

所以，食品添加剂的使用范围和使用量要标示出具体的使用范围和使用量，不可以只笼统地标示“各类食品中适量添加”。

示例 131

亚麻籽胶	
食品添加剂（非零售）	
成分	亚麻籽胶
净含量	500g
保质期	24 个月
贮存条件	常温下存于避光干燥处
生产日期	2015.11.9
生产商	上海 ×××× 食品科技发展有限公司
地址	×××× 市 ×××× 路 ×××× 号
联系方式	021-××××××××
产品标准号	QB 2731—2005
使用方法	用水溶解后使用
使用范围	按 GB 2760—2011 中的规定使用
使用量	按 GB 2760—2011 中的规定使用
生产许可证号	沪 XK13-217-××××

【错误分析】

该标签标示的食品添加剂使用范围和使用量不规范，不符合 GB 29924—2013《食品安全国家标准　食品添加剂标识通则》4.3 的规定。

GB 2760—2011 已于 2015 年 5 月 24 日被新版 GB 2760—2014 替代，该标签标示适用范围和使用量仍标示“按 GB 2760—2011 中的规定使用”属于引用作废标准。其次，案例产品“亚麻籽胶”在 GB 2760—2014 中有明确的使用范围和使用量，标签上应具体标示出此产品的使用范围、使用量，不可以只笼统地标示“按 GB 2760 中的规定使用”。

第三章　食品生产许可分类产品标准标签标示特殊要求汇总

食品、食品添加剂类别	类别名称	产品标准名称和代号	产品标准对标签标示特殊要求
粮食加工品	粮食	粮食卫生标准 GB 2715—2005	转基因的粮食按国家有关规定执行
	小麦粉	小麦粉 GB 1355—1986	质量等级
		高筋小麦粉 GB/T 8607—1988	质量等级
		低筋小麦粉 GB/T 8608—1988	质量等级
		营养强化小麦粉 GB/T 21122—2007	质量等级、标签上应标明“营养强化小麦粉”名称
		全麦粉 LS/T 3244—2015	—
		面包用小麦粉 LS/T 3201—1993	质量等级
		面条用小麦粉 LS/T 3202—1993	质量等级
		饺子用小麦粉 LS/T 3203—1993	质量等级
		馒头用小麦粉 LS/T 3204—1993	质量等级
		发酵饼干用小麦粉 LS/T 3205—1993	质量等级
		酥性饼干用小麦粉 LS/T 3206—1993	质量等级
		蛋糕用小麦粉 LS/T 3207—1993	质量等级
		糕点用小麦粉 LS/T 3208—1993	质量等级
		自发小麦粉 LS/T 3209—1993	—
		小麦胚（胚片、胚粉） LS/T 3210—1993	质量等级

食品、食品添加剂类别	类别名称	产品标准名称和代号	产品标准对标签标示特殊要求
粮食加工品	大米	大米 GB 1354—2009	标准规定的名称和等级标注
		糙米 GB/T 18810—2002	质量等级
	挂面	挂面 LS/T 3212—2014	—
	其他粮食加工品	小米 GB/T 11766—2008	质量等级
		黍米 GB/T 13356—2008	质量等级、转基因黍米按国家有关规定标识
		稷米 GB/T 13358—2008	质量等级
		黑米 NY/T 832—2004	质量等级
		藜麦米 LS/T 3245—2015	—
		莜麦粉 GB/T 13360—2008	标注产品的类别和质量要求
		玉米糁 GB/T 22496—2008	—
		玉米粉 GB/T 10463—2008	标注产品类别、原料玉米的收获年份
		绿色食品　玉米及玉米粉 NY/T 418—2014	—
		汤圆用水磨白糯米粉 LS/T 3240—2012	质量等级
		方便杂粮粉 LS/T 3302—2014	—
食用油、油脂及其制品	食用植物油	食用植物油卫生标准 GB 2716—2005	由转基因原料加工而成的产品，应符合国家有关规定
		菜籽油 GB 1536—2004	质量等级、产品原料的生产国名、转基因标识、压榨菜籽油、浸出菜籽油要在产品标签中分别标识“压榨”、“浸出”字样
		大豆油 GB 1535—2003	质量等级、产品原料的生产国名、转基因标识、压榨大豆油、浸出大豆油要在产品标签中分别标识“压榨”、“浸出”字样
		花生油 GB 1534—2003	质量等级、产品原料的生产国名、压榨花生油、浸出花生油要在产品标签中分别标识“压榨”、“浸出”字样
		葵花籽油 GB 10464—2003	质量等级、产品原料的生产国名、压榨榨葵花籽油、浸出葵花籽油要在产品标签中分别标识“压榨”、“浸出”字样

食品、食品添加剂类别	类别名称	产品标准名称和代号	产品标准对标签标示特殊要求
食用油、油脂及其制品	食用植物油	棉籽油 GB 1537—2003	质量等级、产品原料的生产国名、转基因标识、压榨棉籽油、浸出棉籽油要在产品标签中分别标识“压榨”、“浸出”字样
		亚麻籽油 GB/T 8235—2008	产品原料原产国、标注产品的加工方式，如“压榨”、“浸出”以及相对应的质量等级
		玉米油 GB 19111—2003	质量等级、产品原料的生产国名、转基因标识、压榨玉米油、浸出玉米油要在产品标签中分别标识“压榨”、“浸出”字样
		米糠油 GB 19112—2003	质量等级、产品原料的生产国名、压榨米糠油、浸出米糠油要在产品标签中分别标识“压榨”、“浸出”字样
		芝麻油 GB 8233—2008	产品名称（芝麻油、芝麻香油、小磨香油、芝麻原油、成品芝麻油）、质量等级、产品原料的生产国名、加工工艺（水代、压滤、压榨、浸出）
		棕榈油 GB 15680—2009	凡标识“棕榈油”名称的产品，应标注“棕榈原油”或“成品棕榈油”。凡标识“分提棕榈油”名称的产品，应标注“原油”或“成品油”；分提棕榈油产品采用“棕榈油”名称时，还应标注分提棕榈油的名称“原油”或“成品油”。转基因标识产品原料的生产国名
		橄榄油、油橄榄果渣油 GB 23347—2009	产品名称（按第 4 章分类要求的产品名称标注）、产品原产国名、反式脂肪酸含量、生产日期（特级初榨橄榄油、中级初榨橄榄油、初榨橄榄灯油应标示油橄榄果实的年份；特级初榨橄榄油、中级初榨橄榄油、初榨橄榄灯油、精炼橄榄油、混合橄榄油、精炼油橄榄果渣油、混合油橄榄果渣油应标示包装日期；以包装日期为保质期起点日期，进口分装产品应再注明分装日期）
		食用调和油 SB/T 10292—1998	—
	食用油脂制品	食品安全国家标准　食用油脂制品 GB 15196—2015	经氢化工艺加工的食用油脂制品应标识反式脂肪酸的含量
		人造奶油 NY 479—2002	标明产品的种类和脂肪含量；名称应标为“××× 人造奶油”
		人造奶油（人造黄油） LS/T 3217—1987	—
		起酥油 LS/T 3218—1992	—
		植脂奶油 SB/T 10419—2007	—
		植脂末 QB/T 4791—2015	非直接提供给消费者的预包装产品，除应符合 GB 7718 外，如使用氢化和（或）部分氢化植物油，还应按照 GB 28050 的要求标注营养标签

食品、食品添加剂类别	类别名称	产品标准名称和代号	产品标准对标签标示特殊要求
食用油、油脂及其制品	食用动物油脂	食品安全国家标准　食用动物油脂 GB 10146—2015	—
		食用猪油 GB/T 8937—2006	注明“食用猪油”、产品原产国和“检验合格”
		鱼油 SC/T 3502—2000	应具有产品名称和商标、产品等级、标准代号、生产批号或生产日期、生产企业名称与地址、净含量等内容
调味品	酱油	酱油卫生标准 GB 2717—2003	在产品的包装标识上必须醒目标出“酿造酱油”或“配制酱油”以及“直接佐餐食用”或“用于烹调”，散装产品亦应在大包装上标明上述内容
		酿造酱油 GB 18186—2000	产品名称应标明“酿造酱油”；还应标明产品类别、氨基酸态氮的含量、质量等级、用于佐餐和/或烹调
		配制酱油 SB/T 10336—2012	产品名称应标为“配制酱油”；还应标明氨基酸态氮的含量
	食醋	食醋卫生标准 GB 2719—2003	在产品的包装标识上必须醒目标出“酿造食醋”或“配制食醋”，散装产品亦应在大包装上标明上述内容
		酿造食醋 GB 18187—2000	产品名称应标明“酿造食醋”；还应标明产品类别和总酸的含量
		配制食醋 SB/T 10337—2012	产品名称应标为“配制食醋”；还应标明总酸的含量
	味精	食品安全国家标准　味精 GB 2720—2015	—
		谷氨酸钠（味精） GB/T 8967—2007	加盐味精需标注谷氨酸钠具体含量
	酱类	食品安全国家标准　酿造酱 GB 2718—2014	—
		黄豆酱 GB/T 24399—2009	—
		甜面酱 SB/T 10296—2009	—
	调味料	鸡汁调味料 SB/T 10458—2008	产品名称应标为“鸡汁调味料”
		牛肉汁调味料 SB/T 10757—2012	产品名称应标为“牛肉汁调味料”
		调味料酒 SB/T 10416—2007	—
		花生酱 NY/T 958—2006	—

食品、食品添加剂类别	类别名称	产品标准名称和代号	产品标准对标签标示特殊要求
调味品	调味料	芝麻酱 LS/T 3220—1996	—
		辣椒酱 NY/T 1070—2006	—
		番茄调味酱 SB/T 10459—2008	产品名称应标为“番茄调味酱”或“番茄沙司”
		芥末酱 SB/T 10755—2012	产品名称应标为“芥末酱”
		油辣椒 GB/T 20293—2006	应标明所使用食用油的具体名称；使用转基因原料的，应在标签上标明。
		黄豆复合调味酱 SB/T 10612—2011	—
		鸡精调味料 SB/T 10371—2003	产品名称应标为“鸡精调味料”
		鸡粉调味料 SB/T 10415—2007	产品名称应标为“鸡粉调味料”
		牛肉粉调味料 SB/T 10513—2008	产品名称应标为“牛肉粉调味料”
		排骨粉调味料 SB/T 10526—2009	产品名称应标为“排骨粉调味料”
		菇精调味料 SB/T 10484—2008	产品名称可标注：产品所使用食用菌原料的名称 +“粉”/“精”+ 调味料，并标示产品类型
		海鲜粉调味料 SB/T 10485—2008	产品名称可标注：产品所使用海鲜原料的名称 +“粉”/“精”+ 调味料
		绿色食品　复合调味料 NY/T 1886—2010	—
		复合调味料 DB 31/2002—2012（仅限上海市的生产企业）	直接提供给消费者的预包装产品还应标明食用方式
		绿色食品　调味油 NY/T 2111—2011	—
		蚝油 GB/T 21999—2008	产品名称应标为“蚝油”
		鱼露 SB/T 10324—1999	—
		虾酱 SB/T 10525—2009	—
		虾酱 SC/T 3602－2002	—
		水产调味品 GB 10133—2014	—

食品、食品添加剂类别	类别名称	产品标准名称和代号	产品标准对标签标示特殊要求
肉制品	质量热加工熟肉制品	熟肉制品卫生标准 GB 2726—2005	—
		酱卤肉制品 GB/T 23586—2009	—
		熏煮火腿 GB/T 20711—2006	标明淀粉含量、等级；清真产品按国家有关规定标志
		熏煮香肠 SB/T 10279—2008	清真产品按国家有关规定标志
		火腿肠 GB/T 20712—2006	标明淀粉含量、等级。用鸡肉、鱼肉、或牛肉等单一的原料制成的产品，其产品名称应命名为“鸡肉肠”“鱼肉肠”“牛肉肠”。清真产品按国家有关规定标志
		火腿肠（高温蒸煮肠） SB 10251—2000	标明淀粉含量、等级。用纯鸡肉或纯鱼肉制成的产品，其产品名称不得命名为“火腿肠”，可称为“鸡肉肠”“鱼肉肠”
		肉丸 SB/T 10610—2011	应注明速冻或非速冻、生制或熟制以及级别
		肉干 GB/T 23969—2009	—
		牦牛肉干 GB/T 25734—2010	—
		肉脯 GB/T 31406—2015	质量等级（肉脯）
		肉松 GB/T 23968—2009	—
	发酵肉制品	发酵肉制品 DB 31/2004—2012（仅限上海市的生产企业）	预包装产品标签应符合 GB 7718 和 GB 28050 的相关规定，并标明是否有熟制工艺。直接提供给消费者的预包装产品，还应标注产品为“即食”。加工过程中使用了微生物菌种的产品，配料表中应标注所使用菌种中文名称和拉丁文学名
	预制调理肉制品	预制肉类食品质量安全要求 SB/T 10482—2008	清真食品标识应符合国家相关规定。
	腌腊肉制品	食品安全国家标准　腌腊肉制品 GB 2730—2015	—
		中式香肠 GB/T 23493—2009	质量等级
		中国火腿 SB/T 10004—1992	质量等级

食品、食品添加剂类别	类别名称	产品标准名称和代号	产品标准对标签标示特殊要求
乳制品	液体乳	食品安全国家标准　巴氏杀菌乳 GB 19645—2010	应在产品包装主要展示面上紧邻产品名称的位置，使用不小于产品名称字号且字体高度不小于主要展示面高度 1/5 的汉字标注“鲜牛（羊）奶”或“鲜牛（羊）乳”
		食品安全国家标准　调制乳 GB 25191—2010	全部用乳粉生产的调制乳应在产品名称紧邻部位标明“复原乳”或“复原奶”；在生牛（羊）乳中添加部分乳粉生产的调制乳应在产品名称紧邻部位标明“含××%复原乳”或“含××%复原奶”。（注：“××%”是指所添加乳粉占调制乳中全乳固体的质量分数。）“复原乳”或“复原奶”与产品名称应标识在包装容器的同一主要展示版面；标识的“复原乳”或“复原奶”字样应醒目，其字号不小于产品名称的字号，字体高度不小于主要展示版面高度的 1/5
		食品安全国家标准　灭菌乳 GB 25190—2010	仅以生牛（羊）乳为原料的超高温灭菌乳应在产品包装主要展示面上紧邻产品名称的位置，使用不小于产品名称字号且字体高度不小于主要展示面高度 1/5 的汉字标注“纯牛（羊）奶”或“纯牛（羊）乳”。全部用乳粉生产的灭菌乳应在产品名称紧邻部位标明“复原乳”或“复原奶”；在生牛（羊）乳中添加部分乳粉生产的灭菌乳应在产品名称紧邻部位标明“含××%复原乳”或“含××%复原奶”。（注：“××%”是指所添加乳粉占灭菌乳中全乳固体的质量分数。）“复原乳”或“复原奶”与产品名称应标识在包装容器的同一主要展示版面；标识的“复原乳”或“复原奶”字样应醒目，其字号不小于产品名称的字号，字体高度不小于主要展示版面高度的 1/5
		食品安全国家标准　发酵乳 GB 19302—2010	发酵后经热处理的产品应标识“××热处理发酵乳”“××热处理风味发酵乳”“××热处理酸乳/奶”或“××热处理风味酸乳/奶”。全部用乳粉生产的产品应在产品名称紧邻部位标明“复原乳”或“复原奶”；在生牛（羊）乳中添加部分乳粉生产的产品应在产品名称紧邻部位标明“含××%复原乳”或“含××%复原奶”。（注：“××%”是指所添加乳粉占产品中全乳固体的质量分数。）“复原乳”或“复原奶”与产品名称应标识在包装容器的同一主要展示版面；标识的“复原乳”或“复原奶”字样应醒目，其字号不小于产品名称的字号，字体高度不小于主要展示版面高度的 1/5

食品、食品添加剂类别	类别名称	产品标准名称和代号	产品标准对标签标示特殊要求
乳制品	乳粉	食品安全国家标准　乳粉 GB 19644—2010	—
		牛初乳粉 RHB 602—2005	标示蛋白质和免疫球蛋白（IgG）的含量；使用附录A中方法二测得的免疫球蛋白（IgG）的含量可以标示为“活性免疫球蛋白的含量”
		食品安全国家标准　乳清粉和乳清蛋白粉 GB 11674—2010	—
		脱盐乳清粉 QB/T 3782—1999(2009)	—
	其他乳制品	食品安全国家标准　炼乳 GB 13102—2010	产品应标示“本产品不能作为婴幼儿的母乳代用品”或类似警语
		食品安全国家标准　稀奶油、奶油和无水奶油 GB 19646—2010	—
		人造奶油、（人造黄油） LS/T 3217—1987	—
		人造奶油 NY 479—2002	标明产品的种类和脂肪的含量；产品名称可以标为“×××人造奶油”
		植脂奶油 SB/T 10419—2007	—
		食品安全国家标准　干酪 GB 5420—2010	—
		食品安全国家标准　再制干酪 GB 25192—2010	—
		软质干酪 NY 478—2002	标明全乳固体、脂肪、水分和食盐的含量；产品名称可以标为“×××干酪”
饮料	瓶（桶）装饮用水	食品安全国家标准　包装饮用水 GB 19298—2014	当包装饮用水中添加食品添加剂时，应在产品名称的邻近位置标示“添加食品添加剂用于调节口味”等类似字样；包装饮用水名称应当真实、科学，不得以水以外的一种或若干种成分来命名包装饮用水
		瓶装饮用纯净水 GB 17323—1998	采用蒸馏法加工的产品方可用“蒸馏法”名称；其他方法加工的产品不得使用“蒸馏法”名称。在使用“新创名称”、“奇特名称”、“牌号名称”或“商标名称”时，在其产品名称后需用醒目字样标明“饮用纯净水”

食品、食品添加剂类别	类别名称	产品标准名称和代号	产品标准对标签标示特殊要求
饮料	瓶（桶）装饮用水	饮用天然矿泉水 GB 8537—2008	标示天然矿泉水水源点名称；标示产品达标的界限指标、溶解性总固体含量以及主要阳离子（K^+、Na^+、Ca^{2+}、Mg^{2+}）的含量范围；当氟含量大于 1.0mg/L 时，应标注“含氟”字样；标示产品类型，可直接用定语形式加在产品名称之前，如：“含气天然矿泉水”；或者标示产品名称“天然矿泉水”，在下面标注其产品类型：含气型或充气型；对于“无气”和“脱气”型天然矿泉水可免于标示产品类型
	饮料	食品安全国家标准　饮料 GB 7101—2015	乳酸菌饮料产品标签应标明活菌（未杀菌）型或非活菌（杀菌）型，标明活菌（未杀菌）型的产品乳酸菌数≥ 106CFU/g（mL）；含有活菌（未杀菌）型乳酸菌、需冷藏储存和运输的饮料产品应在在标签上标识贮存和运输条件
	碳酸饮料（汽水）	碳酸饮料（汽水） GB/T 10792—2008	果汁型碳酸饮料应标明果汁含量；可溶性固形物含量低于 5% 的产品可声称为“低糖”
	茶（类）饮料	茶饮料 GB/T 21733—2008	果汁茶饮料标示果汁含量；奶茶饮料标示蛋白质含量；茶浓缩液标明稀释倍数；符合 5.3.4 的茶饮料可声称“低咖啡因”
	果蔬汁类及其饮料	果蔬汁类及其饮料 GB/T 31121—2014	加糖（包括食糖和淀粉糖）的果蔬汁（浆）产品应在产品名称［如 ×× 果汁（浆）］的邻近部位清晰地标明“加糖”的字样；果蔬汁（浆）饮料产品，应显著标明（原）果汁（浆）总含量或（原）蔬菜汁浆总含量，标示位置应在“营养成分表”附近位置或产品名称在包装物或容器的同一展示版面；果蔬汁（浆）的标示规定：只有符合声称 100% 要求的产品才可以才标签的任意部位标示“100%”，否则只能在“营养成分表”附近位置标示“果蔬汁含量 100%”；若产品中添加了纤维、囊泡、果粒、蔬菜粒等应将所含（原）果汁（浆）及添加物的总含量合并标示，并在后面以括号形式标示其中添加物（纤维、囊泡、果粒、蔬菜粒等）的添加量。例如某果汁饮料的果汁含量为 10%，添加果粒 5%，应标示为果汁总含量为 15%（其中果粒添加量为 5%）
		橙汁及橙汁饮料 GB/T 21731—2008	添加食糖的橙汁，在标签标明“加糖”字样；橙汁饮料应标明橙汁含量
		浓缩橙汁 GB/T 21730—2008	—
		浓缩苹果汁 GB/T 18963—2012	—

食品、食品添加剂类别	类别名称	产品标准名称和代号	产品标准对标签标示特殊要求
饮料	果蔬汁类及其饮料	山楂浓缩汁 SB/T 10202—1993	—
		猕猴桃浓缩汁 SB/T 10201—1993	—
		葡萄浓缩汁 SB/T 10200—1993	—
		苹果浓缩汁 SB/T 10199—1993	—
		浓缩苹果清汁 QB/T 1687—1993	—
		浓缩苹果浊汁 QB 2657—2004	—
		浓缩柑桔汁 SB/T 10089—92	—
	蛋白饮料	含乳饮料 GB/T 21732—2008	标明蛋白质含量；发酵型含乳饮料及乳酸菌饮料产品标签应标示未杀菌（活菌）型，或杀菌（非活菌）型；未杀菌（活菌）型发酵型含乳饮料及未杀菌（活菌）型乳酸菌饮料产品应标明乳酸菌活菌数；应标示产品运输、贮存温度
		植物蛋白饮料　豆奶和豆奶饮料 GB/T 30885—2014	标示产品类型，调制豆奶饮料可标示为“豆奶饮料”；蛋白质含量；发酵型产品应标示杀菌（非活菌）型和未杀菌（活菌）型；未杀菌（活菌）型的产品应标示乳酸菌活菌数，还应标明产品贮存温度
		植物蛋白饮料　杏仁露 GB/T 31324—2014	—
		植物蛋白饮料　核桃露（乳） GB/T 31325—2014	—
		植物蛋白饮料　花生乳（露） QB/T 2439—1999(2009)	可溶性固形物和蛋白质含量
		植物蛋白饮料　椰子汁及复原椰子汁 QB/T 2300—2006	蛋白质含量；配料中应标明新鲜椰子果肉或椰子果肉制品如椰子果浆、椰子果粉等；若以椰子果肉制品或香精为原辅料经加工制得的产品应标注为复原椰子汁
		复合蛋白饮料 QB/T 4222—2011	蛋白质含量；同时根据产品名称标示植物蛋白贡献率；发酵制成的产品标签应标示杀菌（非活菌）型或未杀菌（活菌）型；未杀菌（活菌）型产品应标示乳酸菌活菌数，同时标示产品运输、贮存温度

食品、食品添加剂类别	类别名称	产品标准名称和代号	产品标准对标签标示特殊要求
饮料	固体饮料	固体饮料 GB/T 29602—2013	标注产品的冲调和冲泡方法；果蔬汁固体饮料应标注果汁和（或）蔬菜汁的含量，复合产品应标注不同果汁和（或）蔬菜汁的混合比例；复合蛋白固体饮料应标注不同蛋白来源的混合比例；果汁茶固体饮料应标注果汁含量
	其他饮料	运动饮料 GB 15266—2009	标注可溶性固形物、钠、钾的含量范围
		咖啡类饮料 GB/T 30767—2014	标示产品的咖啡因含量；当某品种或某产地咖啡使用量占咖啡原料总量的比例大于50%时，可声称使用某品种或某产地的原料
		苹果醋饮料 GB/T 30884—2014	标明苹果醋含量
		植物饮料 GB/T 31326—2014	以有食用量规定的植物为原料的产品，应标注日食用量
		谷物类饮料 QB/T 4221—2011	标注相应的产品类型名称，如谷物浓浆或谷物饮料
		食用芦荟制品　芦荟饮料 QB/T 2842—2007	标注每天最大食用量
方便食品	方便面	食品安全国家标准　方便面 GB 17400—2015	—
	其他方便食品	方便米饭 GB/T 31323—2014	—
		方便米粉（米线） QB/T 2652—2004	—
		方便粉丝 GB/T 23783—2009	标明产品的食用方法
		方便豆腐花（脑） GB/T 23782—2009	标明产品的食用方法；产品等效的名称可标示为：速食豆腐花（脑）
		方便玉米粉 LS/T 3301—2014	标示产品类型
		方便杂粮粉 LS/T 3302—2014	—
		复合麦片 QB/T 2762—2006	—
		黑芝麻糊 GB/T 23781—2009	标明产品的食用方法
	调味面制品	—	—
饼干	饼干	食品安全国家标准　饼干 GB 7100—2015	/
		饼干 GB/T 20980—2007	标示分类名称

食品、食品添加剂类别	类别名称	产品标准名称和代号	产品标准对标签标示特殊要求
罐头	罐头	食品安全国家标准　罐头食品 GB 7098—2015	—
	畜禽水产罐头	豆豉鲮鱼罐头 GB/T 24402—2009	标签上应标明固形物含量［以质量（g）计或以质量分数计］；质量等级
		金枪鱼罐头 GB/T 24403—2009	标签上应标示“开罐后请尽快食用”。标签上应标明固形物含量［以质量（g）计或以质量分数计］；质量等级
		猪肉糜类罐头 GB/T 13213—2006	质量等级
		咸牛肉、咸羊肉罐头 GB/T 13214—2006	质量等级
		火腿罐头 GB/T 13515—2008	标签上应标明固形物含量（以克计）；质量等级
		午餐肉罐头 QB 2299—1997	质量等级
		云腿罐头 QB/T 1351—2015	质量等级
		片装火腿罐头 QB/T 1352—1991(2009)	质量等级
		卤猪杂罐头 QB/T 1354—2014	质量等级
		回锅肉罐头 QB/T 1355—2014	质量等级
		猪肉蛋卷罐头 QB/T 1356—2014	质量等级
		香菇猪脚腿罐头 QB/T 1357—1991(2009)	质量等级
		皱油猪蹄罐头 QB/T 1358—1991(2009)	质量等级
		五香肉丁罐头 QB/T 1359—2014	质量等级
		排骨罐头 QB/T 1360—2014	质量等级
		红烧猪肉类罐头 QB/T 1361—2014	质量等级
		红烧牛肉罐头 QB/T 1363—1991(2009)	质量等级
		禽类罐头 QB/T 1364—2014	质量等级
		贝类罐头 QB/T 1374—2015	质量等级

食品、食品添加剂类别	类别名称	产品标准名称和代号	产品标准对标签标示特殊要求
罐头	畜禽水产罐头	鱼类罐头 QB/T 1375—2015	质量等级
		红烧元蹄罐头 QB/T 1608—1992(2009)	质量等级
		咸牛肉罐头 QB/T 2784—2006	质量等级
		咸羊肉罐头 QB/T 2785—2006	质量等级
		猪肉香肠罐头 QB/T 3602—1999(2009)	质量等级
		猪肉腊肠罐头 QB/T 3603—1999(2009)	质量等级
		香菇肉酱罐头 QB/T 4630—2014	质量等级
		火腿午餐肉罐头 QB/T 1353—1991	质量等级
		清蒸猪肉罐头 QB/T 2786—2006	质量等级
		原汁猪肉罐头 QB/T 2787—2006	质量等级
		清蒸牛肉罐头 QB/T 2788—2006	质量等级
		鲜炸鲮鱼罐头 QB/T 3606—1999	质量等级
	果蔬罐头	菠萝罐头 GB/T 13207—2011	产品名称可标示为原汁菠萝或糖水菠萝；标签上应标明固形物含量［以质量克（g）计或以质量分数（%）计］；质量等级
		芦笋罐头 GB/T 13208—2008	标签上应标明固形物含量（以克计）；质量等级
		青刀豆罐头 GB/T 13209—2015	质量等级
		柑橘罐头 GB/T 13210—2014	产品名称以橘子罐头为例，可标示为“糖水型橘子”、“果汁型橘子”（果汁应标明具体名称）、“混合型橘子”（混合汁的配料应在配料表中标明）、“清水型橘子”；质量等级
		糖水洋梨罐头 GB/T 13211—2008	产品名称可标示为“糖水洋梨；标签上应标明固形物含量（以克计）；质量等级
		桃罐头 GB/T 13516—2014	产品名称以黄桃罐头为例，可标示为“糖水型黄桃”、“果汁型黄桃”（果汁应标明具体名称）、“混合型黄桃”（混合汁的配料应在配料表中标明）、“清水型黄桃”；质量等级

食品、食品添加剂类别	类别名称	产品标准名称和代号	产品标准对标签标示特殊要求
罐头	果蔬罐头	青豌豆罐头 GB/T 13517—2008	标签上应标明固形物含量（以克计）；质量等级
		蚕豆罐头 GB/T 13518—2015	质量等级
		番茄酱罐头 GB/T 14215—2008	标签上还应标示可溶性固形物含量；质量等级
		甜玉米罐头 GB/T 22369—2008	标签上应标明固形物含量（以克计）；质量等级
		清水荸荠罐头 GB/T 13212—1991	质量等级
		蘑菇罐头 GB/T 14151—2006	应将蘑菇的形态特性作为产品名称的一部分或将其标注在产品名称旁边，如：整菇、钮扣菇、特片菇、片菇、碎片菇、帽菇、扣片菇等；标签上应标明固形物含量；配料表中应明确标注所用的原料属性，如“新鲜蘑菇”或“盐渍蘑菇”；质量等级
		混合水果罐头 QB/T 1117—2014	质量等级
		梨罐头 QB/T 1379—2014	质量等级
		热带、亚热带水果罐头 QB/T 1380—2014	质量等级
		山楂罐头 QB/T 1381—2014	质量等级
		葡萄罐头 QB/T 1382—2014	质量等级
		糖水李子罐头 QB/T 1383—1991	质量等级
		菠萝汁罐头 QB/T 1384—1991(2009)	质量等级
		荔枝汁罐头 QB/T 1385—1991(2009)	质量等级
		杏酱罐头 QB/T 1386—1991(2009)	质量等级
		菠萝酱罐头 QB/T 1387—1991(2009)	质量等级
		苹果酱罐头 QB/T 1388—1991(2009)	质量等级
		西瓜酱罐头 QB/T 1389—1991(2009)	质量等级

食品、食品添加剂类别	类别名称	产品标准名称和代号	产品标准对标签标示特殊要求
罐头	果蔬罐头	什锦果酱罐头　苹果山楂型 QB/T 1390—1991(2009)	质量等级
		猕猴桃酱罐头 QB/T 1391—1991(2009)	质量等级
		苹果罐头 QB/T 1392—2014	质量等级
		桔子囊胞罐头 QB/T 1393—1991(2009)	质量等级
		番茄罐头 QB/T 1394—2014	质量等级
		什锦蔬菜罐头 QB/T 1395—2014	质量等级
		酸甜红辣椒罐头 QB/T 1396—1991(2009)	质量等级
		猴头菇罐头 QB/T 1397—1991(2009)	质量等级
		金针菇罐头 QB/T 1398—1991(2009)	质量等级
		香菇罐头 QB/T 1399—1991(2009)	质量等级
		荞头罐头 QB/T 1400—1991(2009)	质量等级
		雪菜罐头 QB/T 1401—1991(2009)	质量等级
		榨菜罐头 QB/T 1402—1991(2009)	质量等级
		调味榨菜罐头 QB/T 1403—1991(2009)	质量等级
		绿豆芽罐头 QB/T 1405—1991(2009)	质量等级
		竹笋罐头 QB/T 1406—2014	质量等级
		清水莲藕罐头 QB/T 1605—1992(2009)	质量等级
		杏罐头 QB/T 1611—2014	质量等级
		樱桃罐头 QB/T 1688—2014	质量等级
		桃酱罐头 QB/T 2390—1998(2009)	质量等级

食品、食品添加剂类别	类别名称	产品标准名称和代号	产品标准对标签标示特殊要求
罐头	果蔬罐头	草莓酱罐头 QB/T 3609—1999(2009)	质量等级
		草菇罐头 QB/T 3615—1999(2009)	质量等级
		黄瓜罐头 QB/T 4625—2014	质量等级
		香菜心罐头 QB/T 4626—2014	质量等级
		玉米笋罐头 QB/T 4627—2014	质量等级
		海棠罐头 QB/T 4628—2014	质量等级
		猕猴桃罐头 QB/T 4629—2014	质量等级
		草莓罐头 QB/T 4632—2014	质量等级；采用染色工艺的草莓罐头产品，产品名称应标明“染色草莓罐头”
		调味食用菌类罐头 QB/T 4706—2014	产品名称应标示食用菌名称，如“香辣香菇酱罐头”“麻辣杏鲍菇罐头”“调味蘑菇罐头”等，也可标示为“香辣香菇酱”“麻辣杏鲍菇”“调味蘑菇”等
		红焖大头菜罐头 QB/T 1612—1992	质量等级
		糖水枇杷罐头 QB/T 2391—1998	质量等级
		滑子蘑罐头 QB/T 3619—1999	质量等级
		油焖笋罐头 QB/T 3620—1999	质量等级
	其他罐头	八宝粥罐头 GB/T 31116—2014	产品名称可标示为八宝粥；标签上应标明固形物含量［以克（g）计或以（%）计］
		绿色食品　汤类罐头 NY/T 2105—2011	—
		绿色食品　谷物类罐头 NY/T 2106—2011	—
		琥珀核桃仁罐头 QB 1410—1991(2009)	质量等级
		咸核桃仁罐头 QB 1411—1991(2009)	质量等级
		四鲜烤夫罐头 QB/T 1378—1991(2009)	质量等级

食品、食品添加剂类别	类别名称	产品标准名称和代号	产品标准对标签标示特殊要求
罐头	其他罐头	榨菜肉丝罐头 QB/T 1404—1991(2009)	质量等级
		花生米罐头 QB/T 1409—1991	质量等级
		糖水莲子罐头 QB/T 1603—1992(2009)	质量等级
		清水莲子罐头 QB/T 1604—1992(2009)	质量等级
		盐水红豆罐头 QB/T 1607—1992(2009)	质量等级
		食用芦荟制品　芦荟罐头 QB/T 2843—2007	每日食用量应不大于30g；添加库拉索芦荟凝胶的食品必须标注“本品添加芦荟，孕妇与婴幼儿慎用”字样，并应当在配料表中标注“库拉索芦荟凝胶”(原卫生部公告2009年第1号)
		食用芦荟制品　芦荟酱罐头 QB/T 2844—2007	每日食用量应不大于30g；添加库拉索芦荟凝胶的食品必须标注“本品添加芦荟，孕妇与婴幼儿慎用”字样，并应当在配料表中标注“库拉索芦荟凝胶”(原卫生部公告2009年第1号)
冷冻饮品	冷冻饮品	食品安全国家标准　冷冻饮品和制作料 GB 2759—2015	—
		冷冻饮品　冰淇淋 GB/T 31114—2014	冰淇淋中原果汁含量的质量分数低于2.5%的产品，可标为“××果味冰淇淋”；原果汁含量的质量分数≥2.5%的产品，可标为“××果汁冰淇淋”；含水果肉（或果块）的产品，可以标为“××水果冰淇淋”
		冷冻饮品　雪糕 GB/T 31119—2014	雪糕中原果汁含量的质量分数低于2.5%的产品，可标为“××果味雪糕”；原果汁含量的质量分数≥2.5%的产品，可标味“××果汁雪糕”；含水果果肉（或果块）的产品，可以标为“××水果雪糕”
		冷冻饮品　雪泥 SB/T 10014—2008	原果汁含量不低于2.5%的产品，可标明“××果汁雪泥”；原果汁含量低于2.5%的产品不应标为“××果汁雪泥”，应标为“××果味雪泥”；含水果果肉（或果块）的产品，可以标为“××水果雪泥”
		冷冻饮品　冰棍 SB/T 10016—2008	原果汁含量不低于2.5%的产品，可标明“××果汁冰棍”；原果汁含量低于2.5%的产品不得标为“××果汁冰棍”，应标为“××果味冰棍”；含水果果肉（或果块）的产品，可以标为“××水果冰棍”
		冷冻饮品　食用冰 SB/T 10017—2008	—
		冷冻饮品　甜味冰 SB/T 10327—2008	—

食品、食品添加剂类别	类别名称	产品标准名称和代号	产品标准对标签标示特殊要求
速冻食品	速冻面米食品	食品安全国家标准 速冻面米制品 GB 19295—2011	速冻、生制、熟制、烹调加工方式
		速冻面米食品 SB/T 10412—2007	速冻、生制或熟制和产品类别
		速冻饺子 GB/T 23786—2009	食用方法，速冻生制品或速冻熟制品、馅含量
		速冻汤圆 SB/T10423—2007	食用方法，速冻生制品；含馅产品应标注馅含量；声称“无糖”产品还必须在标签上标注“无糖”字样和总糖含量
		速冻春卷 SB/T 10635—2011	标明生制速冻春卷或熟制速冻春卷以及馅料含量的质量百分比
	速冻调制食品	速冻调制食品 SB/T 10379－2012	产品类别和生制品或熟制品
	速冻其他食品	速冻菠菜 NY/T 952—2006	—
		绿色食品 速冻蔬菜 NY/T 1406－2007	—
薯类和膨化食品	膨化食品	食品安全国家标准 膨化食品 GB 17401—2014	—
		膨化食品 GB/T 22699－2008	标注“膨化食品”字样
	薯类食品	马铃薯片 QB/T 2686—2005	标明产品类型，如“切片型”“复合型”
		甘薯干 NY/T 708—2003	—
		马铃薯冷冻薯条 SB/T 10631—2011	—
糖果制品	糖果	糖果卫生标准 GB 9678.1—2003	—
		糖果 硬质糖果 SB/T 10018—2008	配料中原果汁含量（浓缩果汁可换算为原果汁）低于2.5%的产品，不得标为果汁××糖果；原果汁含量低于1.5%的产品，不得标为水果××糖果
		糖果 奶糖糖果 SB/T 10022—2008	配料中原果汁含量（浓缩果汁可换算为原果汁）低于2.5%的产品，不得标为果汁××糖果；原果汁含量低于1.5%的产品，不得标为水果××糖果
		糖果 酥质糖果 SB/T 10019—2008	—

食品、食品添加剂类别	类别名称	产品标准名称和代号	产品标准对标签标示特殊要求
糖果制品	糖果	糖果　焦香糖果 SB/T 10020—2008	—
		糖果　充气糖果 SB/T 10104—2008	配料中原果汁含量（浓缩果汁可换算为原果汁）低于2.5%的产品，不得标为果汁××糖果；原果汁含量低于1.5%的产品，不得标为水果××糖果
		糖果　凝胶糖果 SB/T 10021—2008	配料中原果汁含量（浓缩果汁可换算为原果汁）低于2.5%的产品，不得标为果汁××糖果；原果汁含量低于1.5%的产品，不得标为水果××糖果
		糖果　胶基糖果 SB/T 10023—2008	—
		糖果　压片糖果 SB/T 10347—2008	—
		流质糖果 GB/T 31320—2014	产品类别；配料中原果汁含量（浓缩果汁可换算为原果汁）低于2.5%的产品，不得标为果汁××糖果；原果汁含量低于1.5%的产品，不得标为水果××糖果
	巧克力、代可可脂巧克力及其制品	食品安全国家标准　巧克力、代可可脂巧克力及其制品 GB 9678.2—2014	代可可脂添加量超过5%（按原始配料计算）的产品应命名为代可可脂巧克力。巧克力成分含量不足25%的制品不应命名为巧克力制品
	巧克力及巧克力制品	巧克力及巧克力制品 GB/T 19343—2003	标示巧克力的类型；使用甜味剂代替白砂糖制成的巧克力，应在产品名称中加以说明，如"甜蜜素巧克力"
	代可可脂巧克力及代可可脂巧克力制品	代可可脂　巧克力及代可可脂 巧克力制品 SB/T 10402—2006	—
	果冻	食品安全国家标准　果冻 GB 19299—2015	杯形凝胶果冻杯口内径或杯口内侧最大长度应≥3.5cm；其他凝胶果冻净含量应≥30g或内容物长度≥6.0cm。凝胶果冻应在外包装和最小食用包装的醒目位置处，用白色（或黄底）红字标示警示语和食用方法，且文字高度不应小于3mm。警示语和食用方法应采用下列方法标示"勿一口吞食；三岁以下儿童不宜食用，老人儿童须在监护下食用"
		果冻 GB 19883—2005	分类名称；产品使用"布丁"名称时，应同时标示"含乳型果冻"；果汁型果冻应标示原果汁含量；果肉型果冻应标示果肉含量；

食品、食品添加剂类别	类别名称	产品标准名称和代号	产品标准对标签标示特殊要求
茶叶及相关制品	茶叶	地理标志产品　龙井茶 GB/T 18650—2008	质量等级
		地理标志产品　黄山毛峰茶 GB/T 19460—2008	质量等级
		地理标志产品　信阳毛尖茶 GB/T 22737—2008	质量等级
		地理标志产品　雨花茶 GB/T 20605—2006	质量等级
		绿茶　第 1 部分：基本要求 GB/T 14456.1—2008	—
		绿茶　第 2 部分：大叶种绿茶 GB/T 14456 2—2008	质量等级
		红茶　第 3 部分：小种红茶 GB/T 13738.3—2012	质量等级
		红茶 NY/T 780—2004	质量等级
		祁门工夫红茶 SB/T 10167—93	质量等级
		红茶　第 1 部分：红碎茶 GB/T 13738 1—2008	质量等级
		红茶　第 2 部分：工夫红 GB/T 13738 2—2008	质量等级
		乌龙茶　第 1 部分：基本要求 GB/T 30357.1—2013	—
		乌龙茶　第 2 部分：铁观音 GB/T 30357.2—2013	质量等级
		乌龙茶　第 5 部分：肉桂 GB/T 30357.5—2015	质量等级
		乌龙茶　第 4 部分：水仙 GB/T 30357.4—2015	质量等级
		乌龙茶　第 3 部分：黄金桂 GB/T 30357.3—2015	质量等级

食品、食品添加剂类别	类别名称	产品标准名称和代号	产品标准对标签标示特殊要求
茶叶及相关制品	茶叶	地理标志产品　安溪铁观音 GB/T 19598—2006	应标示相应的类型与级别
		武夷岩茶 GB/T 18745—2006	质量等级；应标明品种名称
		地理标志产品　安吉白茶 GB/T 20354—2006	质量等级
		紧压白茶 GB/T 31751—2015	—
		白茶 GB/T 22291—2008	质量等级
		黄茶 GB/T 21726—2008	—
		普洱茶 NY/T 779—2004	质量等级；应注明保质期至少在 2 年以上（含 2 年）
		地理标志产品　普洱茶 GB/T 22111—2008	质量等级；应标明“普洱茶（生茶）”或“普洱茶（熟茶）”
		茉莉花茶 NY/T 456—2001	质量等级
		茉莉花茶 GB/T 22292—2008	质量等级
		袋泡茶 GB/T 24690—2009	应标明产品的分类名称
	边销茶	紧压茶　第 9 部分：青砖茶 GB/T 9833.9—2013	—
		紧压茶　第 8 部分：米砖茶 GB/T 9833.8—2013	质量等级
		紧压茶　第 7 部分：金尖茶 GB/T 9833.7—2013	质量等级
		紧压茶　第 6 部分：紧茶 GB/T 9833.6—2013	—
		紧压茶　第 5 部分：沱茶 GB/T 9833.5—2013	—
		紧压茶　第 4 部分：康砖茶 GB/T 9833.4—2013	质量等级
		紧压茶　第 3 部分：茯砖茶 GB/T 9833.3—2013	—
		紧压茶　第 2 部分：黑砖茶 GB/T 9833.2—2013	—
		紧压茶　第 1 部分：花砖茶 GB/T 9833.1—2013	—

食品、食品添加剂类别	类别名称	产品标准名称和代号	产品标准对标签标示特殊要求
茶叶及相关制品	茶制品	食品工业用速溶茶 QB/T 4067—2010	应标明产地、茶多酚和咖啡因含量
		茶制品　第1部分：固态速溶茶 GB/T 31740.1—2015	—
		食品工业用茶浓缩液 QB/T 4068—2010	应标明产地、规格、茶多酚以及咖啡因含量；产品名称可根据产品分类标示为“××茶浓缩液”；符合低咖啡因规定的茶浓缩液可声称“低咖啡因××茶浓缩液”
	调味茶	—	—
	代用茶	地理标志产品　黄山贡菊 GB/T 20359—2006	质量等级
		枸杞 GB/T 18672—2014	质量等级
		地理标志产品　宁夏枸杞 GB/T 19742—2008	质量等级
		绿色食品　代用茶 NY/T 2140—2015	—
		代用茶 GH/T 1091—2014	—
		地理标志产品　杭白菊 GB/T 18862—2008	质量等级；附加合格证明
		甘草 GB/T 19618—2004	质量等级
		绿色食品　人参和西洋参 NY/T 1043—2006	应标注绿色食品标志
		地理标志产品　怀菊花 GB/T 20353—2006	质量等级；应标明产地
酒类	蒸馏酒及其配制酒	食品安全国家标准　蒸馏酒及其配制酒 GB 2757—2012	应以“%vol”为单位标示酒精度；应标示“过量饮酒有害健康”，可同时标示其他警示语；酒精度大于等于10%vol的饮料酒可免于标示保质期
	发酵酒及其配制酒	食品安全国家标准　发酵酒及其配制酒 GB 2758—2012	应以“%vol”为单位标示酒精度；啤酒应标示原麦汁浓度，以“原麦汁浓度”为标题，以柏拉图度符号“°P”为单位。果酒（葡萄酒除外）应标示原果汁含量，在配料表中以“××%”表示。应标示“过量饮酒有害健康”，可同时标示其他警示语。用玻璃瓶包装的啤酒应标示如“切勿撞击，防止爆瓶”等警示语。葡萄酒和其他酒精度大于等于10%vol的发酵酒及其配制酒可免于标示保质期

食品、食品添加剂类别	类别名称	产品标准名称和代号	产品标准对标签标示特殊要求
酒类	白酒	液态法白酒 GB/T 20821—2007	酒精度；“过量饮酒有害健康”
		固液法白酒 GB/T 20822—2007	酒精度；“过量饮酒有害健康”
		特香型白酒 GB/T 20823—2007	酒精度；质量等级；“过量饮酒有害健康”
		芝麻香型白酒 GB/T 20824—2007	酒精度；质量等级；“过量饮酒有害健康”
		老白干香型白酒 GB/T 20825—2007	酒精度；质量等级；“过量饮酒有害健康”
		浓酱兼香型白酒 GB/T 23547—2009	酒精度；质量等级；“过量饮酒有害健康”
		豉香型白酒 GB/T 16289—2007	酒精度；质量等级；“过量饮酒有害健康”
		浓香型白酒 GB/T 10781.1—2006	酒精度；质量等级；“过量饮酒有害健康”
		清香型白酒 GB/T 10781.2—2006	酒精度；质量等级；“过量饮酒有害健康”
		米香型白酒 GB/T 10781.3—2006	酒精度；质量等级；“过量饮酒有害健康”
		酱香型白酒 GB/T 26760—2011	酒精度；质量等级；“过量饮酒有害健康”
		小曲固态法白酒 GB/T 26761—2011	酒精度；质量等级；“过量饮酒有害健康”
		凤香型白酒 GB/T 14867—2007	酒精度；质量等级；“过量饮酒有害健康”
	葡萄酒及果酒	葡萄酒 GB 15037—2006	酒精度；按含糖量标注产品类型（或含糖量）；“过量饮酒有害健康”。标签上若标注葡萄酒的年份、品种、产地，应符合 3.3、3.4、3.5 的定义
		冰葡萄酒 GB/T 25504—2010	酒精度；含糖量；“过量饮酒有害健康”
		山葡萄酒 GB/T 27586—2011	酒精度；质量等级；按含糖量标注产品类型（或含糖量）；“过量饮酒有害健康”
		绿色食品　果酒 NY/T 1508—2007	酒精度；标示原果汁含量，在配料表中以“××%”表示；“过量饮酒有害健康”
	啤酒	啤酒 GB 4927—2008	酒精度；质量等级；原麦汁浓度；用玻璃瓶包装的啤酒，标示警示语“切勿撞击，防止爆瓶”；“过量饮酒有害健康”
	黄酒	黄酒 GB/T 13662—2008	酒精度；质量等级；产品风格和含糖量（传统型黄酒可不标注产品风格）；“过量饮酒有害健康”

食品、食品添加剂类别	类别名称	产品标准名称和代号	产品标准对标签标示特殊要求
酒类	其他酒	露酒 GB/T 27588—2011	酒精度；含糖量；“过量饮酒有害健康”
		白兰地 GB/T 11856—2008	酒精度；质量等级；产品具体类型；“过量饮酒有害健康”
		威士忌 GB/T 11857—2008	酒精度；质量等级；产品具体类型；“过量饮酒有害健康”
		伏特加（俄得克） GB/T 11858—2008	酒精度；质量等级；“过量饮酒有害健康”
		奶酒 GB/T 23546—2009	酒精度；产品类型；发酵型奶酒标明含糖量；“过量饮酒有害健康”
	食用酒精	食用酒精 GB 10343—2008	质量等级；产品名称“食用酒精”；乙醇含量
蔬菜制品	酱腌菜	食品安全国家标准　酱腌菜 GB 2714—2015	—
		酱腌菜 SB/T 10439—2007	—
		绿色食品　酱腌菜 NY/T 437—2012	—
	蔬菜干制品	脱水蔬菜　茄果类 NY/T 1393—2007	—
		脱水蔬菜　根菜类 NY/T 959—2006	—
		脱水蔬菜　叶菜类 NY/T 960—2006	—
		非油炸水果、蔬菜脆片 GB/T 23787—2009	—
	食用菌制品	食品安全国家标准　食用菌及其制品 GB 7096—2014	—
		压缩食用菌 GB/T 23775—2009	—
		香菇 GH/T 1013—2015	质量等级
		草菇 NY/T 833—2004	质量等级
		草菇 SB/T 10038—92	质量等级
		双孢蘑菇 NY/T 224—2006	质量等级
		黑木耳 GB/T 6192—2008	质量等级
	其他蔬菜制品	—	—

食品、食品添加剂类别	类别名称	产品标准名称和代号	产品标准对标签标示特殊要求
水果制品	蜜饯	蜜饯卫生标准 GB 14884—2003	—
		蜜饯 GB/T 10782—2006	—
		绿色食品　蜜饯 NY/T 436—2009	—
	水果制品	无核葡萄干 NY/T 705—2003	质量等级
		荔枝干 NY/T 709—2003	质量等级
		食用椰干 NY/T 786—2004	—
		非油炸水果、蔬菜脆片 GB/T 23787—2009	—
		水果、蔬菜脆片 QB 2076—95	—
		干制红枣 GB/T 5835—2009	质量等级、分类
		免洗红枣 GB/T 26150—2010	质量等级
		果酱 GB/T 22474—2008	应标示“果酱”或“果味酱”
		苹果酱 SB/T 10088—92	—
炒货食品及坚果制品	炒货食品及坚果制品	食品安全国家标准　坚果与籽类食品通则 GB 19300—2014	—
		坚果炒货食品通则 GB/T 22165—2008	—
		熟制南瓜籽和仁 SB/T 10554—2009	—
		熟制花生（仁） SB/T 10614—2011	—
		熟制开心果（仁） SB/T 10613—2011	—
		熟制板栗和仁 SB/T 10557—2009	—
		熟制核桃和仁 SB/T 10556—2009	—

食品、食品添加剂类别	类别名称	产品标准名称和代号	产品标准对标签标示特殊要求
炒货食品及坚果制品	炒货食品及坚果制品	熟制西瓜籽和仁 SB/T 10555—2009	—
		熟制葵花籽和仁 SB/T 10553—2009	—
		熟制山核桃（仁） SB/T 10616—2011	—
		熟制杏核和杏仁 SB/T 10617—2011	标注原料品种或产地
		熟制腰果（仁） SB/T 10615—2011	—
		熟制松籽和仁 SB/T 10672—2012	—
		熟制扁桃（巴旦木）核和仁 SB/T 10673—2012	—
		熟制豆类 SB/T 10948—2012	—
蛋制品	蛋制品	食品安全国家标准　蛋与蛋制品 GB 2749—2015	—
		绿色食品　蛋与蛋制品 NY/T 754—2011	—
		皮蛋 GB/T 9694—2014	质量等级
		咸鸭蛋黄 SB/T 10651—2012	—
		卤蛋 GB/T 23970—2009	—
		真空软包装卤蛋制品 SB/T 10369—2012	—
		鲜鸡蛋 SB/T 10277—1997	质量等级
		蛋黄酱 SB/T 10754—2012	产品名称标明“蛋黄酱”
可可及焙烤咖啡产品	可可制品	可可粉 GB/T 20706—2006	产品类型
		可可脂 GB/T 20707—2006	—
		可可液块及可可饼块 GB/T 20705—2006	产品类型（限于可可饼块）
	焙炒咖啡	焙炒咖啡 NY/T 605—2006	质量等级

食品、食品添加剂类别	类别名称	产品标准名称和代号	产品标准对标签标示特殊要求
食糖	糖	食品安全国家标准　食糖 GB 13104—2014	—
		白砂糖 GB 317—2006	质量等级
		绵白糖 GB 1445—2000	质量等级
		赤砂糖 QB/T 2343.1—1997	质量等级
		单晶体冰糖 QB/T 1173—2002	质量等级
		多晶体冰糖 QB/T 1174—2002	质量等级
		方糖 QB/T 1214—2002	质量等级
		黄方糖 QB/T 4566—2013	—
		冰片糖 QB/T 2685—2005	质量等级
		红糖 QB/T 4561—2013	质量等级
		黑糖 QB/T 4567—2013	—
水产制品	非即食水产品	食品安全国家标准　动物性水产制品 GB 10136—2015	食用方法
		虾米 SC/T 3204—2012	质量等级、原料产地
		虾皮 SC/T 3205—2000	质量等级
		干贝 SC/T 3207—2000	质量等级
		调味生鱼干 SC/T 3203—2015	—
		鱿鱼干 SC/T 3208—2001	质量等级
		干裙带菜叶 SC/T 3213—2002	质量等级
		干海带 SC/T 3202—2012	质量等级
		干紫菜 GB/T 23597—2009	产品类型；食用方法；质量等级

食品、食品添加剂类别	类别名称	产品标准名称和代号	产品标准对标签标示特殊要求
水产制品	非即食水产品	食品安全国家标准　干海参 GB 31602—2015	产品盐分含量范围
		干海参（刺参） SC/T 3206—2009	质量等级
		盐渍海参 SC/T 3215—2014	质量等级；产地及食用方法
		盐渍海带 SC/T 3212—2000	质量等级
		盐渍裙带菜 S/CT 3211—2002	质量等级
		盐渍海蜇皮和盐渍海蜇头 SC/T 3210—2015	质量等级
		盐渍鱼卫生标准 GB 10138—2005	—
		鱼糜制品卫生标准 GB 10132—2005	—
		冻鱼糜制品 SC/T 3701—2003	—
		鱼油 SC/T 3502—2000	质量等级
	即食水产品	烤鱼片 SC/T 3302—2010	—
		鱿鱼丝 GB/T 23497—2009	—
淀粉及淀粉制品	淀粉及淀粉制品	食品安全国家标准　淀粉制品 GB 2713—2015	—
		食用玉米淀粉 GB/T 8885—2008	质量等级
		食用小麦淀粉 GB/T 8883—2008	质量等级
		马铃薯淀粉 GB/T 8884—2007	质量等级
		食用木薯淀粉 NY/T 875—2012	质量等级
		木薯淀粉 GB/T 29343—2012	质量等级
		绿色食品　淀粉及淀粉制品 NY/T 1039—2014	—

食品、食品添加剂类别	类别名称	产品标准名称和代号	产品标准对标签标示特殊要求
淀粉及淀粉制品	淀粉及淀粉制品	粉条 GB/T 23587—2009	—
		方便粉丝 GB/T 23783—2009	标明产品的食用方法
		地理标志产品　龙口粉丝 GB/T 19048—2008	—
		虾片 SC/T 3901—2000	质量等级
	淀粉糖	食品安全国家标准　淀粉糖 GB 15203—2014	—
		绿色食品　淀粉糖和糖浆 NY/T 2110—2011	—
		葡萄糖浆 GB/T 20885—2007	—
		食用葡萄糖 GB/T 20880—2007	—
		低聚异麦芽糖 GB/T 20881—2007	—
		麦芽糖 GB/T 20883—2007	麦芽糖粉（结晶麦芽糖）：外包装上应注明产品类型
		麦芽糊精 GB/T 20884—2007	—
		果葡糖浆 GB/T 20882—2007	—
糕点	热加工糕点	食品安全国家标准　糕点、面包 GB 7099—2015	—
		糕点通则 GB/T 20977—2007	—
		月饼 GB/T 19855—2015	—
	冷加工糕点	食品安全国家标准　糕点、面包 GB 7099—2015	—
		糕点通则 GB/T 20977—2007	—
	食品馅料	食品馅料 GB/T 21270—2007	—

食品、食品添加剂类别	类别名称	产品标准名称和代号	产品标准对标签标示特殊要求
豆制品	豆制品	食品安全国家标准 豆制品 GB 2712—2014	—
		非发酵豆制品 GB/T 22106—2008	如使用转基因大豆为原料，在标签中明示
		腐乳 SB/T 10170—2007	—
		纳豆 SB/T 10528—2009	—
		豆浆类 SB/T 10633—2011	分类名称，即豆浆（浓型、普通型、淡型）、调制豆浆、豆浆饮料。没有标明的豆浆产品为普通型豆浆
		豆腐干 GB/T 23494—2009	使用转基因大豆为生产原料的，应按国家有关法律法规及标准规定进行标示
		卤制豆腐干 SB/T 10632—2011	—
		臭豆腐（臭干） SB/T 10527—2009	—
		方便豆腐花（脑） GB/T 23782—2009	标明产品的食用方法；产品等效的名称可标示为：速食豆腐花（脑）
		膨化豆制品 SB/T 10453—2007	—
蜂产品	蜂蜜	食品安全国家标准 蜂蜜 GB 14963—2011	—
		蜂蜜 GH/T 18796—2012	质量等级；产品名称符合要求
	蜂王浆（含蜂王浆冻干品）	蜂王浆 GB 9697—2008	质量等级
		蜂王浆冻干品 GB/T 21532—2008	质量等级
	蜂花粉	蜂花粉 GB/T 30359—2013	质量等级
	蜂产品制品	—	—
保健食品	保健食品	—	—

食品、食品添加剂类别	类别名称	产品标准名称和代号	产品标准对标签标示特殊要求
特殊医学用途配方食品	特殊医学用途配方食品	食品安全国家标准 特殊医学用途配方食品通则 GB 29922—2013	营养素和可选择成分含量标识增加“每100千焦（/100kJ）”含量的标示；标签中应对产品的配方特点或营养学特征进行描述，并应标示产品的类别和适用人群，同时还应标示“不适用于非目标人群使用”；标签中应在醒目位置标示“请在医生或临床营养师指导下使用”；标签中应标示“本品禁止用于肠外营养支持和静脉注射”。有关产品使用、配制指导说明及图解、贮存条件应在标签上明确说明。当包装最大表面积小于100 cm^2或产品质量小于100 g时，可不标示图解。指导说明应对配制不当和使用不当可能引起的健康危害给予警示说明
	特殊医学用途婴儿配方食品	食品安全国家标准 特殊医学用途婴儿配方食品通则 GB 25596—2010	营养素和可选择成分增加“每100千焦(/100kJ)”含量的标示；标签中应明确注明特殊医学用途婴儿配方食品的类别（如无乳糖配方）和适用的特殊医学状况。早产/低出生体重儿配方食品，还应标示产品的渗透压。可供6月龄以上婴儿食用的特殊医学用途配方食品，应标明“6月龄以上特殊医学状况婴儿食用本品时，应配合添加辅助食品”；标签上应明确标识“请在医生或临床营养师指导下使用”；标签上不能有婴儿和妇女的形象，不能使用“人乳化”“母乳化”或近似术语表述。有关产品使用、配制指导说明及图解、贮存条件应在标签上明确说明。当包装最大表面积小于100cm^2或产品质量小于100g时，可以不标示图解。指导说明应该对不当配制和使用不当可能引起的健康危害给予警示说明
婴幼儿配方食品	婴儿配方食品	食品安全国家标准 婴儿配方食品 GB 10765—2010	营养素和可选择成分含量标识增加“100千焦(100kJ)”含量的标示；产品的类别、婴儿配方食品属性（如乳基或豆基产品以及产品状态）和适用年龄。可供6月龄以上婴儿食用的配方食品，应标明“6个月龄以上婴儿食用本产品时，应配合添加辅助食品”；婴儿配方食品应标明：“对于0~6月的婴儿最理想的食品是母乳，在母乳不足或无母乳时可食用本产品”。标签上不能有婴儿和妇女的形象，不能使用“人乳化”“母乳化”或近似术语表述。有关产品使用、配制指导说明及图解、贮存条件应在标签上明确说明。当包装最大表面积小于100cm^2或产品质量小于100g时，可以不标示图解。指导说明应该对不当配制和使用不当可能引起的健康危害给予警示说明

食品、食品添加剂类别	类别名称	产品标准名称和代号	产品标准对标签标示特殊要求
婴幼儿配方食品	较大婴儿和幼儿配方食品	食品安全国家标准　较大婴儿和幼儿配方食品 GB 10767—2010	营养素和可选择成分含量标识增加“100 千焦(100kJ)”含量的标示；标签中应注明产品的类别、较大婴儿配方食品或较大婴儿和幼儿配方食品的属性（如乳基和/或豆基产品以及产品状态）和适用年龄。较大婴儿配方食品应标明“须配合添加辅助食品”。有关产品使用、配制指导说明及图解、贮存条件应在标签上明确说明。当包装最大表面积小于 $100cm^2$ 或产品质量小于 100g 时，可以不标示图解。指导说明应对不当配制和使用不当可能引起的健康危害给予警示说明
特殊膳食食品	婴幼儿谷类辅助食品	食品安全国家标准　婴幼儿谷类辅助食品 GB 10769—2010	营养成分表的标识增加“100 千焦(100kJ)”含量的标示；标明产品的类别名称，如“婴幼儿高蛋白谷物辅助食品”等；对婴幼儿谷物辅助食品应在标签中标明“需用牛奶或其他含蛋白质的适宜液体冲调”或类似文字
	婴幼儿罐装辅助食品	食品安全国家标准　婴幼儿罐装辅助食品 GB 10770—2010	营养成分表的标识增加“100 千焦(100kJ)”含量的标示；标明适宜食用的婴幼儿月龄、食用方法及食用注意事项；汁类罐装食品应标明产品中所含果蔬原汁或原浆的含量
	其他特殊膳食食品	食品安全国家标准　辅食营养补充品 GB 22570—2014	标注“辅食营养补充品”和/或相应类别“辅食营养素补充食品”、“辅食营养素补充片”、“辅食营养素撒剂”；标签上应按月龄标明适宜人群，并标注“本品添加多种微量营养素，与其他同类产品同时食用时应注意用量”；供 6 月 ~36 月龄婴幼儿食用的产品，还应标明“本品不能代替母乳及婴幼儿辅助食品”
		食品安全国家标准　运动营养食品通则 GB 24154—2015	在标签主要展示版面标示“运动营养食品”及产品所属分类；如有不适宜人群，应在标签中标示；对于添加了肌酸的产品应在标签中标示“孕妇、哺乳期妇女、儿童及婴幼儿不适宜食用”
		食品安全国家标准　孕妇及乳母营养补充食品 GB 31601—2015	食品名称应根据适宜人群标注“孕妇营养补充食品”或“乳母营养补充食品”或“孕妇及乳母营养补充食品”；还应标注“本品不能代替正常膳食”，“本品添加多种微量营养素，与其他同类产品同时食用时应注意用量”
其他食品	其他食品	—	—

食品、食品添加剂类别	类别名称	产品标准名称和代号	产品标准对标签标示特殊要求
食品添加剂	食品添加剂	食品安全国家标准　食品添加剂标识通则 GB 29924—2013	标明“食品添加剂”字样，食品用香精香料应明确标示“食品用香精”字样。食品添加剂的名称、成分或配料表、使用范围、用量和使用方法、日期标示、贮存条件、净含量和规格、制造者或经销者的名称和地址、产品标准代号、生产许可证编号、警示标识、辐照食品添加剂
	食品用香精	食品安全国家标准　食品用香精 GB 30616—2014	明确标示“食品用香精”字样；凡含有食品用热加工香味料的产品不测相对密度和折光指数，其产品标签的配料清单中应标示“食品用热加工香味料”。对含有来自海产品成分的食品用香精应在产品标签上注明本产品含有海产品成分
	复配食品添加剂	食品安全国家标准　复配食品添加剂通则 GB 26687—2011	命名原则；各单一食品添加剂的通用名称、辅料的名称，进入市场销售和餐饮环节使用的复配食品添加剂还应标明各单一食品添加剂品种的含量

第四章　标签标示相关标准、公告及文件

中华人民共和国国家标准

GB 7718—2011

食品安全国家标准
预包装食品标签通则

2011-04-20 发布　　　　2012-04-20 实施

中华人民共和国卫生部 发布

前　　言

本标准代替 GB 7718—2004《预包装食品标签通则》。

本标准与 GB 7718—2004 相比，主要变化如下：

——修改了适用范围；

——修改了预包装食品和生产日期的定义，增加了规格的定义，取消了保存期的定义；

——修改了食品添加剂的标示方式；

——增加了规格的标示方式；

——修改了生产者、经销者的名称、地址和联系方式的标示方式；

——修改了强制标示内容的文字、符号、数字的高度不小于 1.8mm 时的包装物或包装容器的最大表面面积；

——增加了食品中可能含有致敏物质时的推荐标示要求；

——修改了附录 A 中最大表面面积的计算方法；

——增加了附录 B 和附录 C。

食品安全国家标准
预包装食品标签通则

1 范围

本标准适用于直接提供给消费者的预包装食品标签和非直接提供给消费者的预包装食品标签。

本标准不适用于为预包装食品在储藏运输过程中提供保护的食品储运包装标签、散装食品和现制现售食品的标识。

2 术语和定义

2.1 预包装食品

预先定量包装或者制作在包装材料和容器中的食品，包括预先定量包装以及预先定量制作在包装材料和容器中并且在一定量限范围内具有统一的质量或体积标识的食品。

2.2 食品标签

食品包装上的文字、图形、符号及一切说明物。

2.3 配料

在制造或加工食品时使用的，并存在（包括以改性的形式存在）于产品中的任何物质，包括食品添加剂。

2.4 生产日期（制造日期）

食品成为最终产品的日期，也包括包装或灌装日期，即将食品装入（灌入）包装物或容器中，形成最终销售单元的日期。

2.5 保质期

预包装食品在标签指明的贮存条件下，保持品质的期限。在此期限内，产品完全适于销售，并保持标签中不必说明或已经说明的特有品质。

2.6 规格

同一预包装内含有多件预包装食品时，对净含量和内含件数关系的表述。

2.7 主要展示版面

预包装食品包装物或包装容器上容易被观察到的版面。

3 基本要求

3.1 应符合法律、法规的规定，并符合相应食品安全标准的规定。

3.2 应清晰、醒目、持久，应使消费者购买时易于辨认和识读。

3.3 应通俗易懂、有科学依据，不得标示封建迷信、色情、贬低其他食品或违背营养科学常识的内容。

3.4 应真实、准确，不得以虚假、夸大、使消费者误解或欺骗性的文字、图形等方式介绍食品，也不得利用字号大小或色差误导消费者。

3.5 不应直接或以暗示性的语言、图形、符号，误导消费者将购买的食品或食品的某一性质与另一产品混淆。

3.6 不应标注或者暗示具有预防、治疗疾病作用的内容，非保健食品不得明示或者暗示具有保健作用。

3.7 不应与食品或者其包装物（容器）分离。

3.8 应使用规范的汉字（商标除外）。具有装饰作用的各种艺术字，应书写正确，易于辨认。

3.8.1 可以同时使用拼音或少数民族文字，拼音不得大于相应汉字。

3.8.2 可以同时使用外文，但应与中文有对应关系（商标、进口食品的制造者和地址、国外经销者的名称和地址、网址除外）。所有外文不得大于相应的汉字（商标除外）。

3.9 预包装食品包装物或包装容器最大表面面积大于 $35cm^2$ 时（最大表面面积计算方法见附录 A），强制标示内容的文字、符号、数字的高度不得小于 1.8mm。

3.10 一个销售单元的包装中含有不同品种、多个独立包装可单独销售的食品，每件独立包装的食品标识应当分别标注。

3.11 若外包装易于开启识别或透过外包装物能清晰地识别内包装物（容器）上的所有强制标示内容或部分强制标示内容，可不在外包装物上重复标示相应的内容；否则应在外包装物上按要求标示所有强制标示内容。

4　标示内容

4.1　直接向消费者提供的预包装食品标签标示内容

4.1.1　一般要求

直接向消费者提供的预包装食品标签标示应包括食品名称、配料表、净含量和规格、生产者和（或）经销者的名称、地址和联系方式、生产日期和保质期、贮存条件、食品生产许可证编号、产品标准代号及其他需要标示的内容。

4.1.2　食品名称

4.1.2.1　应在食品标签的醒目位置，清晰地标示反映食品真实属性的专用名称。

4.1.2.1.1　当国家标准、行业标准或地方标准中已规定了某食品的一个或几个名称时，应选用其中的一个，或等效的名称。

4.1.2.1.2　无国家标准、行业标准或地方标准规定的名称时，应使用不使消费者误解或混淆的常用名称或通俗名称。

4.1.2.2　标示“新创名称”、“奇特名称”、“音译名称”、“牌号名称”、“地区俚语名称”或“商标名称”时，应在所示名称的同一展示版面标示 4.1.2.1 规定的名称。

4.1.2.2.1　当“新创名称”、“奇特名称”、“音译名称”、“牌号名称”、“地区俚语名称”或“商标名称”含有易使人误解食品属性的文字或术语（词语）时，应在所示名称的同一展示版面邻近部位使用同一字号标示食品真实属性的专用名称。

4.1.2.2.2　当食品真实属性的专用名称因字号或字体颜色不同易使人误解食品属性时，也应使用同一字号及同一字体颜色标示食品真实属性的专用名称。

4.1.2.3　为不使消费者误解或混淆食品的真实属性、物理状态或制作方法，可以在食品名称前或食品名称后附加相应的词或短语。如干燥的、浓缩的、复原的、熏制的、油炸的、粉末的、粒状的等。

4.1.3　配料表

4.1.3.1　预包装食品的标签上应标示配料表，配料表中的各种配料应按 4.1.2 的要求标示具体名称，食品添加剂按照 4.1.3.1.4 的要求标示名称。

4.1.3.1.1　配料表应以“配料”或“配料表”为引导词。当加工过程中所用的原料已改变为其他成分（如酒、酱油、食醋等发酵产品）时，可用“原料”或“原料与辅料”代替“配料”、“配料表”，并按本标准相应条款的要求标示各种原料、辅料和食品添加剂。加工助剂不需要标示。

4.1.3.1.2　各种配料应按制造或加工食品时加入量的递减顺序一一排列；加入量不超过2%的配料可以不按递减顺序排列。

4.1.3.1.3　如果某种配料是由两种或两种以上的其他配料构成的复合配料（不包括复合食品添加剂），应在配料表中标示复合配料的名称，随后将复合配料的原始配料在括号内按加入量的递减顺序标示。当某种复合配料已有国家标准、行业标准或地方标准，且其加入量小于食品总量的25%时，不需要标示复合配料的原始配料。

4.1.3.1.4　食品添加剂应当标示其在GB 2760中的食品添加剂通用名称。食品添加剂通用名称可以标示为食品添加剂的具体名称，也可标示为食品添加剂的功能类别名称并同时标示食品添加剂的具体名称或国际编码（INS号）（标示形式见附录B）。在同一预包装食品的标签上，应选择附录B中的一种形式标示食品添加剂。当采用同时标示食品添加剂的功能类别名称和国际编码的形式时，若某种食品添加剂尚不存在相应的国际编码，或因致敏物质标示需要，可以标示其具体名称。食品添加剂的名称不包括其制法。加入量小于食品总量25%的复合配料中含有的食品添加剂，若符合GB 2760规定的带入原则且在最终产品中不起工艺作用的，不需要标示。

4.1.3.1.5　在食品制造或加工过程中，加入的水应在配料表中标示。在加工过程中已挥发的水或其他挥发性配料不需要标示。

4.1.3.1.6　可食用的包装物也应在配料表中标示原始配料，国家另有法律法规规定的除外。

4.1.3.2　下列食品配料，可以选择按表1的方式标示。

表1　配料标示方式

配料类别	标示方式
各种植物油或精炼植物油，不包括橄榄油	“植物油”或“精炼植物油”；如经过氢化处理，应标示为“氢化”或“部分氢化”
各种淀粉，不包括化学改性淀粉	“淀粉”
加入量不超过2%的各种香辛料或香辛料浸出物（单一的或合计的）	“香辛料”、“香辛料类”或“复合香辛料”
胶基糖果的各种胶基物质制剂	“胶姆糖基础剂”、“胶基”
添加量不超过10%的各种果脯蜜饯水果	“蜜饯”、“果脯”
食用香精、香料	“食用香精”、“食用香料”、“食用香精香料”

4.1.4　配料的定量标示

4.1.4.1　如果在食品标签或食品说明书上特别强调添加了或含有一种或多种有价值、有特性的配料或成分，应标示所强调配料或成分的添加量或在成品中的含量。

4.1.4.2　如果在食品的标签上特别强调一种或多种配料或成分的含量较低或无时，

应标示所强调配料或成分在成品中的含量。

4.1.4.3　食品名称中提及的某种配料或成分而未在标签上特别强调，不需要标示该种配料或成分的添加量或在成品中的含量。

4.1.5　净含量和规格

4.1.5.1　净含量的标示应由净含量、数字和法定计量单位组成（标示形式参见附录 C）。

4.1.5.2　应依据法定计量单位，按以下形式标示包装物（容器）中食品的净含量：

a）液态食品，用体积升（L）(l)、毫升（mL）(ml)，或用质量克（g)、千克（kg)；

b）固态食品，用质量克（g)、千克（kg)；

c）半固态或黏性食品，用质量克（g)、千克（kg）或体积升（L）(l)、毫升（mL）(ml)。

4.1.5.3　净含量的计量单位应按表 2 标示。

表 2　净含量计量单位的标示方式

计量方式	净含量（Q）的范围	计量单位
体积	$Q<$ 1000mL $Q\geqslant$ 1000mL	毫升（mL）(ml） 升（L）(1）
质量	$Q<$ 1000g $Q\geqslant$ 1000g	克（g） 千克（kg）

4.1.5.4　净含量字符的最小高度应符合表 3 的规定。

表 3　净含量字符的最小高度

净含量（Q）的范围	字符的最小高度 mm
$Q\leqslant$ 50mL；$Q\leqslant$ 50g	2
50mL $<Q\leqslant$ 200mL；50g $<Q\leqslant$ 200g	3
200mL $<Q\leqslant$ 1L；200g $<Q\leqslant$ lkg	4
$Q>$ lkg；$Q>$ 1L	6

4.1.5.5　净含量应与食品名称在包装物或容器的同一展示版面标示。

4.1.5.6　容器中含有固、液两相物质的食品，且固相物质为主要食品配料时，除标示净含量外，还应以质量或质量分数的形式标示沥干物（固形物）的含量（标示形式参见附录 C）。

4.1.5.7　同一预包装内含有多个单件预包装食品时，大包装在标示净含量的同时还应标示规格。

4.1.5.8　规格的标示应由单件预包装食品净含量和件数组成，或只标示件数，可不标示“规格”二字。单件预包装食品的规格即指净含量（标示形式参见附录 C）。

4.1.6 生产者、经销者的名称、地址和联系方式

4.1.6.1 应当标注生产者的名称、地址和联系方式。生产者名称和地址应当是依法登记注册、能够承担产品安全质量责任的生产者的名称、地址。有下列情形之一的，应按下列要求予以标示。

4.1.6.1.1 依法独立承担法律责任的集团公司、集团公司的子公司，应标示各自的名称和地址。

4.1.6.1.2 不能依法独立承担法律责任的集团公司的分公司或集团公司的生产基地，应标示集团公司和分公司（生产基地）的名称、地址；或仅标示集团公司的名称、地址及产地，产地应当按照行政区划标注到地市级地域。

4.1.6.1.3 受其他单位委托加工预包装食品的，应标示委托单位和受委托单位的名称和地址；或仅标示委托单位的名称和地址及产地，产地应当按照行政区划标注到地市级地域。

4.1.6.2 依法承担法律责任的生产者或经销者的联系方式应标示以下至少一项内容：电话、传真、网络联系方式等，或与地址一并标示的邮政地址。

4.1.6.3 进口预包装食品应标示原产国国名或地区区名（如香港、澳门、台湾），以及在中国依法登记注册的代理商、进口商或经销者的名称、地址和联系方式，可不标示生产者的名称、地址和联系方式。

4.1.7 日期标示

4.1.7.1 应清晰标示预包装食品的生产日期和保质期。如日期标示采用“见包装物某部位”的形式，应标示所在包装物的具体部位。日期标示不得另外加贴、补印或篡改（标示形式参见附录 C）。

4.1.7.2 当同一预包装内含有多个标示了生产日期及保质期的单件预包装食品时，外包装上标示的保质期应按最早到期的单件食品的保质期计算。外包装上标示的生产日期应为最早生产的单件食品的生产日期，或外包装形成销售单元的日期；也可在外包装上分别标示各单件装食品的生产日期和保质期。

4.1.7.3 应按年、月、日的顺序标示日期，如果不按此顺序标示，应注明日期标示顺序（标示形式参见附录 C）。

4.1.8 贮存条件

预包装食品标签应标示贮存条件（标示形式参见附录 C）。

4.1.9 食品生产许可证编号

预包装食品标签应标示食品生产许可证编号的，标示形式按照相关规定执行。

4.1.10 产品标准代号

在国内生产并在国内销售的预包装食品（不包括进口预包装食品）应标示产品所执行的标准代号和顺序号。

4.1.11 其他标示内容

4.1.11.1 辐照食品

4.1.11.1.1 经电离辐射线或电离能量处理过的食品，应在食品名称附近标示“辐照食品”。

4.1.11.1.2 经电离辐射线或电离能量处理过的任何配料，应在配料表中标明。

4.1.11.2 转基因食品

转基因食品的标示应符合相关法律、法规的规定。

4.1.11.3 营养标签

4.1.11.3.1 特殊膳食类食品和专供婴幼儿的主辅类食品，应当标示主要营养成分及其含量，标示方式按照 GB 13432 执行。

4.1.11.3.2 其他预包装食品如需标示营养标签，标示方式参照相关法规标准执行。

4.1.11.4 质量（品质）等级

食品所执行的相应产品标准已明确规定质量（品质）等级的，应标示质量（品质）等级。

4.2 非直接提供给消费者的预包装食品标签标示内容

非直接提供给消费者的预包装食品标签应按照 4.1 项下的相应要求标示食品名称、规格、净含量、生产日期、保质期和贮存条件，其他内容如未在标签上标注，则应在说明书或合同中注明。

4.3 标示内容的豁免

4.3.1 下列预包装食品可以免除标示保质期：酒精度大于等于 10% 的饮料酒；食醋；食用盐；固态食糖类；味精。

4.3.2 当预包装食品包装物或包装容器的最大表面面积小于 $10cm^2$ 时（最大表面面

积计算方法见附录 A），可以只标示产品名称、净含量、生产者（或经销商）的名称和地址。

4.4 推荐标示内容

4.4.1 批号

根据产品需要，可以标示产品的批号。

4.4.2 食用方法

根据产品需要，可以标示容器的开启方法、食用方法、烹调方法、复水再制方法等对消费者有帮助的说明。

4.4.3 致敏物质

4.4.3.1 以下食品及其制品可能导致过敏反应，如果用作配料，宜在配料表中使用易辨识的名称，或在配料表邻近位置加以提示：

a）含有麸质的谷物及其制品（如小麦、黑麦、大麦、燕麦、斯佩耳特小麦或它们的杂交品系）；

b）甲壳纲类动物及其制品（如虾、龙虾、蟹等）；

c）鱼类及其制品；

d）蛋类及其制品；

e）花生及其制品；

f）大豆及其制品；

g）乳及乳制品（包括乳糖）；

h）坚果及其果仁类制品。

4.4.3.2 如加工过程中可能带入上述食品或其制品，宜在配料表临近位置加以提示。

5 其他

按国家相关规定需要特殊审批的食品，其标签标识按照相关规定执行。

附　录　A

包装物或包装容器最大表面面积计算方法

A.1　长方体形包装物或长方体形包装容器计算方法

长方体形包装物或长方体形包装容器的最大一个侧面的高度（cm）乘以宽度（cm）。

A.2　圆柱形包装物、圆柱形包装容器或近似圆柱形包装物、近似圆柱形包装容器计算方法

包装物或包装容器的高度（cm）乘以圆周长（cm）的 40%。

A.3　其他形状的包装物或包装容器计算方法

包装物或包装容器的总表面积的 40%。

如果包装物或包装容器有明显的主要展示版面，应以主要展示版面的面积为最大表面面积。

包装袋等计算表面面积时应除去封边所占尺寸。瓶形或罐形包装计算表面面积时不包括肩部、颈部、顶部和底部的凸缘。

附　录　B
食品添加剂在配料表中的标示形式

B.1　按照加入量的递减顺序全部标示食品添加剂的具体名称

配料：水，全脂奶粉，稀奶油，植物油，巧克力（可可液块，白砂糖，可可脂，磷脂，聚甘油蓖麻醇酯，食用香精，柠檬黄），葡萄糖浆，丙二醇脂肪酸酯，卡拉胶，瓜尔胶，胭脂树橙，麦芽糊精，食用香料。

B.2　按照加入量的递减顺序全部标示食品添加剂的功能类别名称及国际编码

配料：水，全脂奶粉，稀奶油，植物油，巧克力［可可液块，白砂糖，可可脂，乳化剂（322，476），食用香精，着色剂（102）］，葡萄糖浆，乳化剂（477），增稠剂（407，412），着色剂（160b），麦芽糊精，食用香料。

B.3　按照加入量的递减顺序全部标示食品添加剂的功能类别名称及具体名称

配料：水，全脂奶粉，稀奶油，植物油，巧克力［可可液块，白砂糖，可可脂，乳化剂（磷脂，聚甘油蓖麻醇酯），食用香精，着色剂（柠檬黄）］，葡萄糖浆，乳化剂（丙二醇脂肪酸酯），增稠剂（卡拉胶，瓜尔胶），着色剂（胭脂树橙），麦芽糊精，食用香料。

B.4　建立食品添加剂项一并标示的形式

B.4.1　一般原则

直接使用的食品添加剂应在食品添加剂项中标注。营养强化剂、食用香精香料、胶基糖果中基础剂物质可在配料表的食品添加剂项外标注。非直接使用的食品添加剂不在食品添加剂项中标注。食品添加剂项在配料表中的标注顺序由需纳入该项的各种食品添加剂的总重量决定。

B.4.2　全部标示食品添加剂的具体名称

配料：水，全脂奶粉，稀奶油，植物油，巧克力（可可液块，白砂糖，可可脂，磷脂，聚甘油蓖麻醇酯，食用香精，柠檬黄），葡萄糖浆，食品添加剂（丙二醇脂肪酸酯，卡拉胶，瓜尔胶，胭脂树橙），麦芽糊精，食用香料。

B.4.3　全部标示食品添加剂的功能类别名称及国际编码

配料：水，全脂奶粉，稀奶油，植物油，巧克力[可可液块，白砂糖，可可脂，乳化剂（322，476），食用香精，着色剂（102）]，葡萄糖浆，食品添加剂[乳化剂（477），增稠剂（407，412），着色剂（160b）]，麦芽糊精，食用香料。

B.4.4　全部标示食品添加剂的功能类别名称及具体名称

配料：水，全脂奶粉，稀奶油，植物油，巧克力[可可液块，白砂糖，可可脂，乳化剂（磷脂，聚甘油蓖麻醇酯），食用香精，着色剂（柠檬黄）]，葡萄糖浆，食品添加剂[乳化剂（丙二醇脂肪酸酯），增稠剂（卡拉胶，瓜尔胶），着色剂（胭脂树橙）]，麦芽糊精，食用香料。

附 录 C

部分标签项目的推荐标示形式

C.1 概述

本附录以示例形式提供了预包装食品部分标签项目的推荐标示形式，标示相应项目时可选用但不限于这些形式。如需要根据食品特性或包装特点等对推荐形式调整使用的，应与推荐形式基本涵义保持一致。

C.2 净含量和规格的标示

为方便表述，净含量的示例统一使用质量为计量方式，使用冒号为分隔符。标签上应使用实际产品适用的计量单位，并可根据实际情况选择空格或其他符号作为分隔符，便于识读。

C.2.1 单件预包装食品的净含量（规格）可以有如下标示形式：

净含量（或净含量／规格）：450g；

净含量（或净含量／规格）：225 克（200 克 + 送 25 克）；

净含量（或净含量／规格）：200 克 + 赠 25 克；

净含量（或净含量／规格）：（200+25）克。

C.2.2 净含量和沥干物（固形物）可以有如下标示形式（以“糖水梨罐头”为例）：

净含量（或净含量／规格）：425 克 沥干物（或 固形物 或 梨块）：不低于 255 克（或不低于 60%）。

C.2.3 同一预包装内含有多件同种类的预包装食品时，净含量和规格均可以有如下标示形式：

净含量（或净含量／规格）：40 克 ×5；

净含量（或净含量／规格）：5×40 克；

净含量（或净含量／规格）：200 克（5×40 克）；

净含量（或净含量／规格）：200 克（40 克 ×5）；

净含量（或净含量／规格）：200 克（5 件）；

净含量：200 克　　规格：5×40 克；

净含量：200 克　　规格：40 克 ×5；

净含量：200 克　　规格：5 件；

净含量（或净含量／规格）：200 克（100 克 +50 克 ×2）；

净含量（或净含量 / 规格）：200 克（80 克 ×2+40 克）；

净含量：200 克　　规格：100 克 +50 克 ×2；

净含量：200 克　　规格：80 克 ×2+40 克。

C.2.4　同一预包装内含有多件不同种类的预包装食品时，净含量和规格可以有如下标示形式：

净含量（或净含量 / 规格）：200 克（A 产品 40 克 ×3，B 产品 40 克 ×2）；

净含量（或净含量 / 规格）：200 克（40 克 ×3，40 克 ×2）；

净含量（或净含量 / 规格）：100 克 A 产品，50 克 ×2 B 产品，50 克 C 产品；

净含量（或净含量 / 规格）：A 产品：100 克，B 产品：50 克 ×2，C 产品：50 克；

净含量 / 规格：100 克（A 产品），50 克 ×2（B 产品），50 克（C 产品）；

净含量 / 规格：A 产品 100 克，B 产品 50 克 ×2，C 产品 50 克。

C.3　日期的标示

日期中年、月、日可用空格、斜线、连字符、句点等符号分隔，或不用分隔符。年代号一般应标示 4 位数字，小包装食品也可以标示 2 位数字。月、日应标示 2 位数字。

日期的标示可以有如下形式：

2010 年 3 月 20 日；

2010 03 20；2010/03/20；20100320；

20 日 3 月 2010 年；3 月 20 日 2010 年；

（月 / 日 / 年）：03 20 2010；03/20/2010；03202010。

C.4　保质期的标示

保质期可以有如下标示形式：

最好在……之前食（饮）用；……之前食（饮）用最佳；……之前最佳；

此日期前最佳……；此日期前食（饮）用最佳……；

保质期（至）……；保质期 ×× 个月（或 ×× 日，或 ×× 天，或 ×× 周，或 × 年）。

C.5　贮存条件的标示

贮存条件可以标示“贮存条件”、“贮藏条件”、“贮藏方法”等标题，或不标示标题。

贮存条件可以有如下标示形式：

常温（或冷冻，或冷藏，或避光，或阴凉干燥处）保存；

××－××℃保存；

请置于阴凉干燥处；

常温保存，开封后需冷藏；

温度：≤××℃，湿度：≤××%

《预包装食品标签通则》（GB 7718—2011）问答（修订版）

中华人民共和国国家卫生和计划生育委员会 2014－02－26

一、修订《预包装食品标签通则》的目的和依据

食品标签是向消费者传递产品信息的载体。做好预包装食品标签管理，既是维护消费者权益，保障行业健康发展的有效手段，也是实现食品安全科学管理的需求。根据《食品安全法》及其实施条例规定，原卫生部组织修订预包装食品标签标准。新的《预包装食品标签通则》（GB 7718—2011）充分考虑了《预包装食品标签通则》（GB 7718—2004）实施情况，细化了《食品安全法》及其实施条例对食品标签的具体要求，增强了标准的科学性和可操作性。

二、《预包装食品标签通则》（GB 7718—2011）与相关部门规章、规范性文件的关系

《预包装食品标签通则》（GB 7718—2011）属于食品安全国家标准，相关规定、规范性文件规定的相应内容与本标准不一致的，应当按照本标准执行。

本标准规定了预包装食品标签的通用性要求，如果其他食品安全国家标准有特殊规定的，应同时执行预包装食品标签的通用性要求和特殊规定。

三、标准修订的主要过程

按照《食品安全法》及其实施条例和食品安全监管工作需要，原卫生部委托中国疾病预防控制中心、中国食品工业协会等单位成立标准起草组，承担标准修订任务。标准起草组多次组织专家研究，召开研讨会和专家咨询会，充分听取相关部门、行业协会和企业意见。本标准通过原卫生部及机构改革后的国家卫生和计划生育委员会网站向社会公开征求意见，共收到700余条反馈意见和修改建议。标准起草组逐一分析反馈意见，及时召开专题会议进行研究处理，进一步完善标准文本。本标准经食品安全国家标准审评委员会第五次主任会议审查通过，于2011年4月20日公布，自2012年4月20日正式施行。

四、标准修订完善的主要内容

（一）修改标准的适用范围。本标准适用于两类预包装食品：一是直接提供给消费者的预包装食品；二是非直接提供给消费者的预包装食品。不适用于散装食品、现制现售食品和食品储运包装的标识。

（二）按照《食品安全法》要求，标准修改了“预包装食品”和“生产日期”的定义，增加了“规格”定义和“规格”标示方式。

（三）按照《食品安全法》要求，标准增加了“不应标注或者暗示具有预防、治疗疾病作用的内容，非保健食品不得明示或者暗示具有保健作用”的内容。

（四）按照《食品安全法》规定，标准细化了食品添加剂标示要求，明确食品添加剂应标示其在《食品添加剂使用标准》（GB 2760）中的食品添加剂通用名称。

（五）参照国际食品法典标准，标准增加了食品致敏物质推荐性标示要求，以便于消费者根据自身情况科学选择食品。

五、关于预包装食品的定义

根据《食品安全法》和《定量包装商品计量监督管理办法》，参照以往食品标签管理经验，本标准将“预包装食品”定义为：预先定量包装或者制作在包装材料和容器中的食品，包括预先定量包装以及预先定量制作在包装材料和容器中并且在一定量限范围内具有统一的质量或体积标识的食品。预包装食品首先应当预先包装，此外包装上要有统一的质量或体积的标示。

六、关于“直接提供给消费者的预包装食品”和“非直接提供给消费者的预包装食品”标签标示的区别

直接提供给消费者的预包装食品，所有事项均在标签上标示。非直接向消费者提供的预包装食品标签上必须标示食品名称、规格、净含量、生产日期、保质期和贮存条件，其他内容如未在标签上标注，则应在说明书或合同中注明。

七、关于“直接提供给消费者的预包装食品”的情形

一是生产者直接或通过食品经营者（包括餐饮服务）提供给消费者的预包装食品；二是既提供给消费者，也提供给其他食品生产者的预包装食品。进口商经营的此类进口预包装食品也应按照上述规定执行。

八、关于“非直接提供给消费者的预包装食品”的情形

一是生产者提供给其他食品生产者的预包装食品；二是生产者提供给餐饮业作为原料、辅料使用的预包装食品。进口商经营的此类进口预包装食品也应按照上述规定执行。

九、关于不属于本标准管理的标示标签情形

一是散装食品标签；二是在储藏运输过程中以提供保护和方便搬运为目的的食品储运包装标签；三是现制现售食品标签。以上情形也可以参照本标准执行。

十、本标准对生产日期的定义

本标准规定的“生产日期”是指预包装食品形成最终销售单元的日期。原《预包装食品标签通则》（GB 7718—2004）中“包装日期”“灌装日期”等术语在本标准中统一为“生产日期”。

十一、如果产品中没有添加某种食品配料，仅添加了相关风味的香精香料，是否允许在标签上标示该种食品实物图案?

标签标示内容应真实准确，不得使用易使消费者误解或具有欺骗性的文字、图形等方式介绍食品。当使用的图形或文字可能使消费者误解时，应用清晰醒目的文字加以说明。

十二、关于标签中使用繁体字

本标准规定食品标签使用规范的汉字，但不包括商标。“规范的汉字”指《通用规范汉字表》中的汉字，不包括繁体字。食品标签可以在使用规范汉字的同时，使用相对应的繁体字。

十三、关于标签中使用“具有装饰作用的各种艺术字”

“具有装饰作用的各种艺术字”包括篆书、隶书、草书、手书体字、美术字、变体字、古文字等。使用这些艺术字时应书写正确、易于辨认、不易混淆。

十四、关于标签的中文、外文对应关系

预包装食品标签可同时使用外文，但所用外文字号不得大于相应的汉字字号。

对于本标准以及其他法律、法规、食品安全标准要求的强制标识内容，中文、外文应有对应的关系。

十五、关于最大表面面积大于 $10cm^2$ 但小于等于 $35cm^2$ 时的标示要求

食品标签应当按照本标准要求标示所有强制性内容。根据标签面积具体情况，标签内容中的文字、符号、数字的高度可以小于 1.8mm，应当清晰，易于辨认。

十六、强制标示内容既有中文又有字母字符时，如何判断字体高度是否满足大于等于 1.8mm 字高要求?

中文字高应大于等于 1.8mm，kg、mL 等单位或其他强制标示字符应按其中的大写字母或“k、f、l”等小写字母判断是否大于等于 1.8mm。

十七、销售单元包含若干可独立销售的预包装食品时，直接向消费者交付的外包装（或大包装）标签标示要求

该销售单元内的独立包装食品应分别标示强制标示内容。外包装（或大包装）的标签标示分为两种情况：

一是外包装（或大包装）上同时按照本标准要求标示。如果该销售单元内的多件食品为不同品种时，应在外包装上标示每个品种食品的所有强制标示内容，可将共有信息统一标示。

二是若外包装（或大包装）易于开启识别、或透过外包装（或大包装）能清晰识别内包装物（或容器）的所有或部分强制标示内容，可不在外包装（或大包装）

上重复标示相应的内容。

十八、销售单元包含若干标示了生产日期及保质期的独立包装食品时，外包装上的生产日期和保质期如何标示

可以选择以下三种方式之一标示：一是生产日期标示最早生产的单件食品的生产日期，保质期按最早到期的单件食品的保质期标示；二是生产日期标示外包装形成销售单元的日期，保质期按最早到期的单件食品的保质期标示；三是在外包装上分别标示各单件食品的生产日期和保质期。

十九、关于反映食品真实属性的专用名称

反映食品真实属性的专用名称通常是指国家标准、行业标准、地方标准中规定的食品名称或食品分类名称。若上述名称有多个时，可选择其中的任意一个，或不引起歧义的等效的名称；在没有标准规定的情况下，应使用能够帮助消费者理解食品真实属性的常用名称或通俗名称。能够反映食品本身固有的性质、特性、特征，具有明晰产品本质、区分不同产品的作用。

二十、如何避免商品名称产生的误解

当使用的商品名称含有易使人误解食品属性的文字或术语（词语）时，应在所示名称的同一展示版面邻近部位使用同一字号标示食品真实属性的专用名称。如果因字号或字体颜色不同而易使人误解时，应使用同一字号及同一字体颜色标示食品真实属性的专用名称。

二十一、关于单一配料的预包装食品是否标示配料表

单一配料的预包装食品应当标示配料表。

二十二、关于配料名称的分隔方式

配料表中配料的标示应清晰，易于辨认和识读，配料间可以用逗号、分号、空格等易于分辨的方式分隔。

二十三、关于可食用包装物的含义及标示要求

可食用包装物是指由食品制成的，既可以食用又承担一定包装功能的物质。这些包装物容易和被包装的食品一起被食用，因此应在食品配料表中标示其原料。对于已有相应的国家标准和行业标准的可食用包装物，当加入量小于预包装食品总量25%时，可免于标示该可食用包装物的原始配料。对于已有相应的国家标准和行业标准的可食用包装物，当加入量小于预包装食品总量25%时，可免于标示该可食用包装物的原始配料。

二十四、关于胶原蛋白肠衣的标示

胶原蛋白肠衣属于食品复合配料，已有相应的国家标准和行业标准。根据《预包装食品标签通则》（GB 7718—2011）4.1.3.1.3的规定，对胶原蛋白肠衣加入量小于食品总量 25% 的肉制品，其标签上可不标示胶原蛋白肠衣的原始配料。

二十五、确定食品配料表中配料标示顺序时，配料的加入量以何种单位计算

按照食品配料加入的质量或重量计，按递减顺序一一排列。加入的质量百分数（m/m）不超过 2% 的配料可以不按递减顺序排列。

二十六、关于复合配料在配料表中的标示

复合配料在配料表中的标示分以下两种情况：

（一）如果直接加入食品中的复合配料已有国家标准、行业标准或地方标准，并且其加入量小于食品总量的 25%，则不需要标示复合配料的原始配料。加入量小于食品总量 25%的复合配料中含有的食品添加剂，若符合《食品添加剂使用标准》（GB 2760）规定的带入原则且在最终产品中不起工艺作用的，不需要标示，但复合配料中在终产品起工艺作用的食品添加剂应当标示。推荐的标示方式为：在复合配料名称后加括号，并在括号内标示该食品添加剂的通用名称，如“酱油（含焦糖色）”。

（二）如果直接加入食品中的复合配料没有国家标准、行业标准或地方标准，或者该复合配料已有国家标准、行业标准或地方标准且加入量大于食品总量的 25%，则应在配料表中标示复合配料的名称，并在其后加括号，按加入量的递减顺序一一标示复合配料的原始配料，其中加入量不超过食品总量 2% 的配料可以不按递减顺序排列。

二十七、复合配料需要标示其原始配料的，如果部分原始配料与食品中的其他配料相同，如何标示?

可以选择以下两种方式之一标示：一是参照问答二十八（二）标示；二是在配料表中直接标示复合配料中的各原始配料，各配料的顺序应按其在终产品中的总量决定。

二十八、关于食品添加剂通用名称的标示方式

应标示其在《食品添加剂使用标准》（GB 2760）中的通用名称。在同一预包装食品的标签上，所使用的食品添加剂可以选择以下三种形式之一标示：一是全部标示食品添加剂的具体名称；二是全部标示食品添加剂的功能类别名称以及国际编码（INS 号），如果某种食品添加剂尚不存在相应的国际编码，或因致敏物质标示需要，可以标示其具体名称；三是全部标示食品添加剂的功能类别名称，同时标示具体名称。

举例：食品添加剂“丙二醇”可以选择标示为：1. 丙二醇；2. 增稠剂（1520）；3. 增稠剂（丙二醇）。

二十九、关于食品添加剂通用名称标示注意事项

（一）食品添加剂可能具有一种或多种功能，《食品添加剂使用标准》（GB 2760）列出了食品添加剂的主要功能，供使用参考。生产经营企业应当按照食品添加剂在产品中的实际功能在标签上标示功能类别名称。

（二）如果《食品添加剂使用标准》（GB 2760）中对一个食品添加剂规定了两个及以上的名称，每个名称均是等效的通用名称。以“环己基氨基磺酸钠（又名甜蜜素）”为例，“环己基氨基磺酸钠”和“甜蜜素”均为通用名称。

（三）“单，双甘油脂肪酸酯（油酸、亚油酸、亚麻酸、棕榈酸、山嵛酸、硬脂酸、月桂酸）”可以根据使用情况标示为“单双甘油脂肪酸酯”或“单双硬脂酸甘油酯”或“单硬脂酸甘油酯”等。

（四）根据食物致敏物质标示需要，可以在《食品添加剂使用标准》（GB 2760）规定的通用名称前增加来源描述。如“磷脂”可以标示为“大豆磷脂”。

（五）根据《食品添加剂使用标准》（GB 2760）规定，阿斯巴甜应标示为“阿斯巴甜（含苯丙氨酸）”。

三十、关于配料表中建立“食品添加剂项”

配料表应当如实标示产品所使用的食品添加剂，但不强制要求建立“食品添加剂项”。食品生产经营企业应选择附录B中的任意一种形式标示。

三十一、添加两种或两种以上同一功能食品添加剂，可否一并标示？

食品中添加了两种或两种以上同一功能的食品添加剂，可选择分别标示各自的具体名称；或者选择先标示功能类别名称，再在其后加括号标示各自的具体名称或国际编码（INS号）。举例：可以标示为“卡拉胶，瓜尔胶”、“增稠剂（卡拉胶，瓜尔胶）”或“增稠剂（407，412）”。如果某一种食品添加剂没有INS号，可同时标示其具体名称。举例：“增稠剂（卡拉胶，聚丙烯酸钠）”或“增稠剂（407，聚丙烯酸钠）”。

三十二、关于复配食品添加剂的标示

应当在食品配料表中一一标示在终产品中具有功能作用的每种食品添加剂。

三十三、关于食品添加剂中辅料的标示

食品添加剂含有的辅料不在终产品中发挥功能作用时，不需要在配料表中标示。

三十四、关于加工助剂的标示

加工助剂不需要标示。

三十五、关于酶制剂的标示

酶制剂如果在终产品中已经失去酶活力的，不需要标示；如果在终产品中仍然保持酶活力的，应按照食品配料表标示的有关规定，按制造或加工食品时酶制剂的加入量，排列在配料表的相应位置。

三十六、关于食品营养强化剂的标示

食品营养强化剂应当按照《食品营养强化剂使用标准》（GB 14880）或原卫生部公告中的名称标示。

三十七、关于既可以作为食品添加剂或食品营养强化剂又可以作为其他配料使用的配料的标示

既可以作为食品添加剂或食品营养强化剂又可以作为其他配料使用的配料，应按其在终产品中发挥的作用规范标示。当作为食品添加剂使用，应标示其在《食品添加剂使用标准》（GB 2760）中规定的名称；当作为食品营养强化剂使用，应标示其在《食品营养强化剂使用标准》（GB 14880）中规定的名称；当作为其他配料发挥作用，应标示其相应具体名称。如味精（谷氨酸钠）既可作为调味品又可作为食品添加剂，当作为食品添加剂使用时，应标示为谷氨酸钠，当作为调味品使用时，应标示为味精。如核黄素、维生素 E、聚葡萄糖等既可作为食品添加剂又可作为食品营养强化剂，当作为食品添加剂使用时，应标示其在《食品添加剂使用标准》（GB 2760）中规定的名称；当作为食品营养强化剂使用时，应标示其在《食品营养强化剂使用标准》（GB 14880）中规定的名称。

三十八、关于食品中菌种的标示

《卫生部办公厅关于印发〈可用于食品的菌种名单〉的通知》（卫办监督发〔2010〕65 号）和原卫生部 2011 年第 25 号公告分别规定了可用于食品和婴幼儿食品的菌种名单。预包装食品中使用了上述菌种的，应当按照《预包装食品标签通则》（GB 7718—2011）的要求标注菌种名称，企业可同时在预包装食品上标注相应菌株号及菌种含量。自 2014 年 1 月 1 日起食品生产企业应当按照以上规定在预包装食品标签上标示相关菌种。2014 年 1 月 1 日前已生产销售的预包装食品，可继续使用现有标签，在食品保质期内继续销售。

三十九、关于定量标示配料或成分的情形

一是如果在食品标签或说明书上强调含有某种或多种有价值、有特性的配料或成分，应同时标示其添加量或在成品中的含量；二是如果在食品标签上强调某种或多种配料或成分含量较低或无时，应同时标示其在终产品中的含量。

四十、关于不要求定量标示配料或成分的情形

只在食品名称中出于反映食品真实属性需要，提及某种配料或成分而未在标签上特别强调时，不需要标示该种配料或成分的添加量或在成品中的含量。只强调食品的口味时也不需要定量标示。

四十一、关于葡萄酒中二氧化硫的标示

根据《预包装食品标签通则》（GB 7718—2011）和《发酵酒及其配制酒》

（GB 2758—2012）及其实施时间的规定，允许使用了食品添加剂二氧化硫的葡萄酒在 2013 年 8 月 1 日前在标签中标示为二氧化硫或微量二氧化硫；2013 年 8 月 1 日以后生产、进口的使用食品添加剂二氧化硫的葡萄酒，应当标示为二氧化硫，或标示为微量二氧化硫及含量。

四十二、关于植物油配料在配料表中的标示

植物油作为食品配料时，可以选择以下两种形式之一标示：

（一）标示具体来源的植物油，如：棕榈油、大豆油、精炼大豆油、葵花籽油等，也可以标示相应的国家标准、行业标准或地方标准中规定的名称。如果使用的植物油由两种或两种以上的不同来源的植物油构成，应按加入量的递减顺序标示。

（二）标示为“植物油”或“精炼植物油”，并按照加入总量确定其在配料表中的位置。如果使用的植物油经过氢化处理，且有相关的产品国家标准、行业标准或地方标准，应根据实际情况，标示为“氢化植物油”或“部分氢化植物油”，并标示相应产品标准名称。

四十三、关于食用香精、食用香料的标示

使用食用香精、食用香料的食品，可以在配料表中标示该香精香料的通用名称，也可标示为“食用香精”，或者“食用香料”，或者“食用香精香料”。

四十四、关于香辛料、香辛料类或复合香辛料作为食品配料的标示

（一）如果某种香辛料或香辛料浸出物加入量超过 2%，应标示其具体名称。

（二）如果香辛料或香辛料浸出物（单一的或合计的）加入量不超过 2%，可以在配料表中标示各自的具体名称，也可以在配料表中统一标示为“香辛料”、“香辛料类”或“复合香辛料”。

（三）复合香辛料添加量超过 2% 时，按照复合配料标示方式进行标示。

四十五、关于果脯蜜饯类水果在配料表中的标示

（一）如果加入的各种果脯或蜜饯总量不超过 10%，可以在配料表中标示加入的各种蜜饯果脯的具体名称，或者统一标示为“蜜饯”、“果脯”。

（二）如果加入的各种果脯或蜜饯总量超过 10%，则应标示加入的各种蜜饯果脯的具体名称。

四十六、关于净含量标示

净含量标示由净含量、数字和法定计量单位组成。标示位置应与食品名称在包装物或容器的同一展示版面。所有字符高度（以字母 L、k、g 等计）应符合本标准 4.1.5.4 的要求。“净含量”与其后的数字之间可以用空格或冒号等形式区隔。“法定计量单位”分为体积单位和质量单位。固态食品只能标示质量单位，液态、半固态、粘性食品可以选择标示体积单位或质量单位。

四十七、赠送装或促销装预包装食品净含量的标示

赠送装（或促销装）的预包装食品的净含量应按照本标准的规定进行标示，可以分别标示销售部分的净含量和赠送部分的净含量，也可以标示销售部分和赠送部分的总净含量并同时用适当的方式标示赠送部分的净含量。如“净含量 500 克、赠送 50 克”，“净含量 500+50 克”；“净含量 550 克（含赠送 50 克）”等。

四十八、关于无法清晰区别固液相产品的固形物含量的标示

固、液两相且固相物质为主要食品配料的预包装食品，应在靠近“净含量”的位置以质量或质量分数的形式标示沥干物（固形物）的含量。

半固态、粘性食品、固液相均为主要食用成分或呈悬浮状、固液混合状等无法清晰区别固液相产品的预包装食品无需标示沥干物（固形物）的含量。预包装食品由于自身的特性，可能在不同的温度或其他条件下呈现固、液不同形态的，不属于固、液两相食品，如蜂蜜、食用油等产品。

四十九、关于规格的标示

单件预包装食品的规格等同于净含量，可以不另外标示规格，具体标示方式参见附录 C 的 C.2.1；预包装内含有若干同种类预包装食品时，净含量和规格的具体标示方式参见附录 C 的 C.2.3；预包装食品内含有若干不同种类预包装食品时，净含量和规格的具体标示方式参见附录 C 的 C.2.4。

标示“规格”时，不强制要求标示“规格”两字。

五十、关于标准中的产地

“产地”指食品的实际生产地址，是特定情况下对生产者地址的补充。如果生产者的地址就是产品的实际产地，或者生产者与承担法律责任者在同一地市级地域，则不强制要求标示“产地”项。以下情况应同时标示“产地”项：一是由集团公司的分公司或生产基地生产的产品，仅标示承担法律责任的集团公司的名称、地址时，应同时用“产地”项标示实际生产该产品的分公司或生产基地所在地域；二是委托其他企业生产的产品，仅标示委托企业的名称和地址时，应用“产地”项标示受委托企业所在地域。

五十一、集团公司与子公司签订委托加工协议且子公司生产的产品不对外销售时，如何标示生产者、经销者名称地址和产地?

按照食品生产经营企业间的委托加工方式标示。

五十二、关于标准中的地级市

食品产地可以按照行政区划标示到直辖市、计划单列市等副省级城市或者地级城市。地级市的界定按国家有关规定执行。

五十三、关于联系方式的标示

联系方式应当标示依法承担法律责任的生产者或经销者的有效联系方式。联系方式应至少标示以下内容中的一项：电话（热线电话、售后电话或销售电话等）、传真、电子邮件等网络联系方式、与地址一并标示的邮政地址（邮政编码或邮箱号等）。

五十四、关于质量（品质）等级的标示

如果食品的国家标准、行业标准中已明确规定质量（品质）等级的，应按标准要求标示质量（品质）等级。产品分类、产品类别等不属于质量等级。

五十五、关于豁免标示的情形

本标准豁免标示内容有两种情形：一是规定了可以免除标示保质期的食品种类；二是规定了当食品包装物或包装容器的最大表面面积小于10cm^{2}时可以免除的标示内容。两种情形分别考虑了食品本身的特性和在小标签上标示大量内容存在困难。豁免意味着不强制要求标示，企业可以选择是否标示。

本标准豁免条款中的“固体食糖”为白砂糖、绵白糖、红糖和冰糖等，不包括糖果。

五十六、进口预包装食品应如何标示食品标签

进口预包装食品的食品标签可以同时使用中文和外文，也可以同时使用繁体字。《预包装食品标签通则》（GB 7718—2011）中强制要求标示的内容应全部标示，推荐标示的内容可以选择标示。进口预包装食品同时使用中文与外文时，其外文应与中文强制标识内容和选择标示的内容有对应关系，即中文与外文含义应基本一致，外文字号不得大于相应中文汉字字号。对于特殊包装形状的进口食品，在同一展示面上，中文字体高度不得小于外文对应内容的字体高度。

对于采用在原进口预包装食品包装外加贴中文标签方式进行标示的情况，加贴中文标签应按照《预包装食品标签通则》（GB 7718—2011）的方式标示；原外文标签的图形和符号不应有违反《预包装食品标签通则》（GB 7718—2011）及相关法律法规要求的内容。

进口预包装食品外文配料表的内容均须在中文配料表中有对应内容，原产品外文配料表中没有标注，但根据我国的法律、法规和标准应当标注的内容，也应标注在中文配料表中（包括食品生产加工过程中加入的水和单一原料等）。

进口预包装食品应标示原产国或原产地区的名称，以及在中国依法登记注册的代理商、进口商或经销者的名称、地址和联系方式；可不标示生产者的名称、地址和联系方式。

原有外文的生产者的名称地址等不需要翻译成中文。

进口预包装食品的原产国国名或地区区名，是指食品成为最终产品的国家或地区名称，包括包装（或灌装）国家或地区名称。进口预包装食品中文标签应当如实准确标示原产国国名或地区区名。

进口预包装食品可免于标示相关产品标准代号和质量（品质）等级。如果标示了产品标准代号和质量（品质）等级，应确保真实、准确。

五十七、进口预包装食品如仅有保质期和最佳食用日期，如何标示生产日期？

应根据保质期和最佳食用日期，以加贴、补印等方式如实标示生产日期。

五十八、关于日期标示不得另外加贴、补印或篡改

本标准 4.1.7.1 条“日期标示不得另外加贴、补印或篡改”是指在已有的标签上通过加贴、补印等手段单独对日期进行篡改的行为。如果整个食品标签以不干胶形式制作，包括“生产日期”或“保质期”等日期内容，整个不干胶加贴在食品包装上符合本标准规定。

五十九、标示日期时使用“见包装”字样，是否需要指明包装的具体位置？

应当区分以下两种情况：一是包装体积较大，应指明日期在包装物上的具体部位；二是小包装食品，可采用“生产日期见包装”、“生产日期见喷码”等形式。以上要求是为了方便消费者找到日期信息。

六十、关于产品标准代号的标示

应当标示产品所执行的标准代号和顺序号，可以不标示年代号。产品标准可以是食品安全国家标准、食品安全地方标准、食品安全企业标准或其他国家标准、行业标准、地方标准和企业标准。

标题可以采用但不限于这些形式：产品标准号、产品标准代号、产品标准编号、产品执行标准号等。

六十一、关于绿色食品标签的标识

根据《预包装食品标签通则》（GB 7718—2011）4.1.10 规定，预包装食品（不包括进口预包装食品）应标示产品所执行的标准代号。标准代号是指预包装食品产品所执行的涉及产品质量、规格等内容的标准，可以是食品安全国家标准、食品安全地方标准、食品安全企业标准，或其他相关国家标准、行业标准、地方标准。按照《绿色食品标志管理办法》（农业部令 2012 年第 6 号）规定，企业在产品包装上使用绿色食品标志，即表明企业承诺该产品符合绿色食品标准。企业可以在包装上标示产品执行的绿色食品标准，也可以标示其生产中执行的其他标准。

六十二、关于致敏物质的标示

食品中的某些原料或成分，被特定人群食用后会诱发过敏反应，有效的预防手段之一就是在食品标签中标示所含有或可能含有的食品致敏物质，以便提示有过敏史的消费者选择适合自己的食品。本标准参照国际食品法典标准列出了八类致敏物质，鼓励企业自愿标示以提示消费者，有效履行社会责任。八类致敏物质以外的其他致敏物质，生产者也可自行选择是否标示。具体标示形式由食品生产经营企业参照以下自主选择。

致敏物质可以选择在配料表中用易识别的配料名称直接标示，如：牛奶、鸡蛋粉、大豆磷脂等；也可以选择在邻近配料表的位置加以提示，如："含有……"等；对于配料中不含某种致敏物质，但同一车间或同一生产线上还生产含有该致敏物质的其他食品，使得致敏物质可能被带入该食品的情况，则可在邻近配料表的位置使用"可能含有……"、"可能含有微量……"、"本生产设备还加工含有……的食品"、"此生产线也加工含有……的食品"等方式标示致敏物质信息。

六十三、关于包装物或包装容器最大表面积的计算

附录A给出了包装物或包装容器最大表面面积计算方法，其中A.1和A.2分别规定了长方体形和圆柱形最大表面面积计算方法，是规则形状（体积）的计算方式。A.3给出了不规则形状（体积）的计算方法。在计算包装物或包装容器最大表面面积时应遵照执行。

六十四、关于预包装食品包装物不规则表面积的计算

不规则形状食品的包装物或包装容器应以呈平面或近似平面的表面为主要展示版面，并以该版面的面积为最大表面面积。如有多个平面或近似平面时，应以其中面积最大的一个为主要展示版面；如这些平面或近似平面的面积也相近时，可自主选择主要展示版面。包装总表面积计算可在包装未放置产品时平铺测定，但应除去封边及不能印刷文字部分所占尺寸。

六十五、关于标准附录B

食品生产者在配料表中标示食品添加剂时，必须从附录B中选择一种标示形式。附录B用具体示例详细说明了食品添加剂在配料表中的不同标示方式，食品生产经营企业可以按食品的特性，选择其中的一种来标示配料表。但配料表中各配料之间的分隔方式和标点符号不做特别要求。

六十六、关于标准附录C

附录C集中了一些标签项目推荐标示形式的示例。食品生产者在标示相应的标签项目时，应与推荐形式的基本涵义保持一致，但文字表达方式、标点符号的选用等不限于示例中的形式。

附录C运用了大量的示例来说明净含量和规格、日期、保质期及贮存条件的标示方式。食品生产经营企业可以根据需要，选用其中的一种，但并非必须与之完全相同，也可以按照食品或包装的特性，在不改变基本涵义的前提下，对推荐的形式做适当的修改。

六十七、关于如何实施标准

在本标准实施日期之前，允许并鼓励食品生产经营企业执行本标准。为节约资源、避免浪费，在实施日期前可继续使用符合原《预包装食品标签通则》（GB 7718—2004）要求的食品标签。在本标准实施日期之后，食品生产企业必须执行本标准，但在实施日期前使用旧版标签的食品可在产品保质期内继续销售。

中华人民共和国国家标准

GB 28050—2011

食品安全国家标准
预包装食品营养标签通则

2011-10-12 发布　　　　2013-01-01 实施

中华人民共和国卫生部　发布

食品安全国家标准
预包装食品营养标签通则

1 范围

本标准适用于预包装食品营养标签上营养信息的描述和说明。

本标准不适用于保健食品及预包装特殊膳食用食品的营养标签标示。

2 术语和定义

2.1 营养标签

预包装食品标签上向消费者提供食品营养信息和特性的说明，包括营养成分表、营养声称和营养成分功能声称。营养标签是预包装食品标签的一部分。

2.2 营养素

食物中具有特定生理作用，能维持机体生长、发育、活动、繁殖以及正常代谢所需的物质，包括蛋白质、脂肪、碳水化合物、矿物质及维生素等。

2.3 营养成分

食品中的营养素和除营养素以外的具有营养和（或）生理功能的其他食物成分。各营养成分的定义可参照GB/Z 21922《食品营养成分基本术语》。

2.4 核心营养素

营养标签中的核心营养素包括蛋白质、脂肪、碳水化合物和钠。

2.5 营养成分表

标有食品营养成分名称、含量和占营养素参考值（NRV）百分比的规范性表格。

2.6 营养素参考值（NRV）

专用于食品营养标签，用于比较食品营养成分含量的参考值。

2.7 营养声称

对食品营养特性的描述和声明，如能量水平、蛋白质含量水平。营养声称包括含量声称和比较声称。

2.7.1 含量声称

描述食品中能量或营养成分含量水平的声称。声称用语包括“含有”、“高”、“低”或“无”等。

2.7.2 比较声称

与消费者熟知的同类食品的营养成分含量或能量值进行比较以后的声称。声称用语包括“增加”或“减少”等。

2.8 营养成分功能声称

某营养成分可以维持人体正常生长、发育和正常生理功能等作用的声称。

2.9 修约间隔

修约值的最小数值单位。

2.10 可食部

预包装食品净含量去除其中不可食用的部分后的剩余部分。

3 基本要求

3.1 预包装食品营养标签标示的任何营养信息，应真实、客观，不得标示虚假信息，不得夸大产品的营养作用或其他作用。

3.2 预包装食品营养标签应使用中文。如同时使用外文标示的，其内容应当与中文相对应，外文字号不得大于中文字号。

3.3 营养成分表应以一个“方框表”的形式表示（特殊情况除外），方框可为任意尺寸，并与包装的基线垂直，表题为“营养成分表”。

3.4 食品营养成分含量应以具体数值标示，数值可通过原料计算或产品检测获得。各营养成分的营养素参考值（NRV）见附录 A。

3.5 营养标签的格式见附录 B，食品企业可根据食品的营养特性、包装面积的大小和形状等因素选择使用其中的一种格式。

3.6　营养标签应标在向消费者提供的最小销售单元的包装上。

4　强制标示内容

4.1　所有预包装食品营养标签强制标示的内容包括能量、核心营养素的含量值及其占营养素参考值（NRV）的百分比。当标示其他成分时，应采取适当形式使能量和核心营养素的标示更加醒目。

4.2　对除能量和核心营养素外的其他营养成分进行营养声称或营养成分功能声称时，在营养成分表中还应标示出该营养成分的含量及其占营养素参考值（NRV）的百分比。

4.3　使用了营养强化剂的预包装食品，除4.1的要求外，在营养成分表中还应标示强化后食品中该营养成分的含量值及其占营养素参考值（NRV）的百分比。

4.4　食品配料含有或生产过程中使用了氢化和（或）部分氢化油脂时，在营养成分表中还应标示出反式脂肪（酸）的含量。

4.5　上述未规定营养素参考值（NRV）的营养成分仅需标示含量。

5　可选择标示内容

5.1　除上述强制标示内容外，营养成分表中还可选择标示表1中的其他成分。

5.2　当某营养成分含量标示值符合表C.1的含量要求和限制性条件时，可对该成分进行含量声称，声称方式见表C.1。当某营养成分含量满足表C.3的要求和条件时，可对该成分进行比较声称，声称方式见表C.3。当某营养成分同时符合含量声称和比较声称的要求时，可以同时使用两种声称方式，或仅使用含量声称。含量声称和比较声称的同义语见表C.2和表C.4。

5.3　当某营养成分的含量标示值符合含量声称或比较声称的要求和条件时，可使用附录D中相应的一条或多条营养成分功能声称标准用语。不应对功能声称用语进行任何形式的删改、添加和合并。

6　营养成分的表达方式

6.1　预包装食品中能量和营养成分的含量应以每100克（g）和（或）每100毫升（mL）和（或）每份食品可食部中的具体数值来标示。当用份标示时，应标明每份食品的量。份的大小可根据食品的特点或推荐量规定。

6.2　营养成分表中强制标示和可选择性标示的营养成分的名称和顺序、标示单位、修约间隔、“0”界限值应符合表1的规定。当不标示某一营养成分时，依序上移。

6.3　当标示GB 14880和卫生部公告中允许强化的除表1外的其他营养成分时，其排列顺序应位于表1所列营养素之后。

表1 能量和营养成分名称、顺序、表达单位、修约间隔和“0”界限值

能量和营养成分的名称和顺序	表达单位[a]	修约间隔	“0”界限值（每100g或100mL）[b]
能量	千焦（kJ）	1	≤ 17kJ
蛋白质	克（g）	0.1	≤ 0.5g
脂肪	克（g）	0.1	≤ 0.5g
饱和脂肪（酸）	克（g）	0.1	≤ 0.1g
反式脂肪（酸）	克（g）	0.1	≤ 0.3g
单不饱和脂肪（酸）	克（g）	0.1	≤ 0.1g
多不饱和脂肪（酸）	克（g）	0.1	≤ 0.1g
胆固醇	毫克（mg）	1	≤ 5mg
碳水化合物	克（g）	0.1	≤ 0.5g
糖（乳糖[c]）	克（g）	0.1	≤ 0.5g
膳食纤维（或单体成分，或可溶性、不可溶性膳食纤维）	克（g）	0.1	≤ 0.5g
钠	毫克（mg）	1	≤ 5mg
维生素A	微克视黄醇当量（μgRE）	1	≤ 8μgRE
维生素D	微克（μg）	0.1	≤ 0.1μg
维生素E	毫克α-生育酚当量（mgα-TE）	0.01	≤ 0.28mgα-TE
维生素K	微克（μg）	0.1	≤ 1.6μg
维生素B_1（硫胺素）	毫克（mg）	0.01	≤ 0.03mg
维生素B_2（核黄素）	毫克（mg）	0.01	≤ 0.03mg
维生素B_6	毫克（mg）	0.01	≤ 0.03mg
维生素B_{12}	微克（μg）	0.01	≤ 0.05μg
维生素C（抗坏血酸）	毫克（mg）	0.1	≤ 2.0mg
烟酸（烟酰胺）	毫克（mg）	0.01	≤ 0.28mg
叶酸	微克（μg）或微克叶酸当量（μgDFE）	1	≤ 8μg
泛酸	毫克（mg）	0.01	≤ 0.10mg
生物素	微克（μg）	0.1	≤ 0.6μg
胆碱	毫克（mg）	0.1	≤ 9.0mg
磷	毫克（mg）	1	≤ 14mg
钾	毫克（mg）	1	≤ 20mg
镁	毫克（mg）	1	≤ 6mg
钙	毫克（mg）	1	≤ 8mg

表 1（续）

能量和营养成分的名称和顺序	表达单位[a]	修约间隔	“0”界限值（每 100g 或 100mL）[b]
铁	毫克（mg）	0.1	≤ 0.3mg
锌	毫克（mg）	0.01	≤ 0.30mg
碘	微克（μg）	0.1	≤ 3.0μg
硒	微克（μg）	0.1	≤ 1.0μg
铜	毫克（mg）	0.01	≤ 0.03mg
氟	毫克（mg）	0.01	≤ 0.02mg
锰	毫克（mg）	0.01	≤ 0.06mg

[a] 营养成分的表达单位可选择表格中的中文或英文，也可以两者都使用。

[b] 当某营养成分含量数值≤“0”界限值时，其含量应标示为“0”；使用“份”的计量单位时，也要同时符合每 100g 或 100mL 的“0”界限值的规定。

[c] 在乳及乳制品的营养标签中可直接标示乳糖。

6.4　在产品保质期内，能量和营养成分含量的允许误差范围应符合表 2 的规定。

表 2　能量和营养成分含量的允许误差范围

能量和营养成分	允许误差范围
食品的蛋白质，多不饱和及单不饱和脂肪（酸），碳水化合物、糖（仅限乳糖），总的、可溶性或不溶性膳食纤维及其单体，维生素（不包括维生素 D、维生素 A），矿物质（不包括钠），强化的其他营养成分	≥80% 标示值
食品中的能量以及脂肪、饱和脂肪（酸）、反式脂肪（酸），胆固醇，钠，糖（除外乳糖）	≤120% 标示值
食品中的维生素 A 和维生素 D	80%～180% 标示值

7　豁免强制标示营养标签的预包装食品

下列预包装食品豁免强制标示营养标签：

——生鲜食品，如包装的生肉、生鱼、生蔬菜和水果、禽蛋等；

——乙醇含量≥0.5% 的饮料酒类；

——包装总表面积≤$100cm^2$ 或最大表面面积≤$20cm^2$ 的食品；

——现制现售的食品；

——包装的饮用水；

——每日食用量≤10g 或 10mL 的预包装食品；

——其他法律法规标准规定可以不标示营养标签的预包装食品。

豁免强制标示营养标签的预包装食品，如果在其包装上出现任何营养信息时，应按照本标准执行。

附　录　A
食品标签营养素参考值（NRV）及其使用方法

A.1　食品标签营养素参考值（NRV）

规定的能量和 32 种营养成分参考数值如表 A.1 所示。

表 A.1　营养素参考值（NRV）

营养成分	NRV	营养成分	NRV
能量[a]	8400kJ	叶酸	400μgDFE
蛋白质	60g	泛酸	5mg
脂肪	≤60g	生物素	30μg
饱和脂肪酸	≤20g	胆碱	450mg
胆固醇	≤300mg	钙	800mg
碳水化合物	300g	磷	700mg
膳食纤维	25g	钾	2000mg
维生素 A	800μgRE	钠	2000mg
维生素 D	5μg	镁	300mg
维生素 E	14mgα-TE	铁	15mg
维生素 K	80μg	锌	15mg
维生素 B_1	1.4mg	碘	150μg
维生素 B_2	1.4mg	硒	50μg
维生素 B_6	1.4mg	铜	1.5mg
维生素 B_{12}	2.4μg	氟	1mg
维生素 C	100mg	锰	3mg
烟酸	14mg		
[a] 能量相当于 2000kcal；蛋白质、脂肪、碳水化合物供能分别占总能量的 13%、27% 与 60%。			

A.2　使用目的和方式

用于比较和描述能量或营养成分含量的多少，使用营养声称和零数值的标示时，用作标准参考值。

使用方式为营养成分含量占营养素参考值（NRV）的百分数；指定 NRV% 的修约间隔为 1，如 1%、5%、16% 等。

A.3 计算

营养成分含量占营养素参考值（NRV）的百分数计算公式见式（A.1）：

$$NRV\% = \frac{x}{NRV} \times 100\% \cdots\cdots (A.1)$$

式中：

x——食品中某营养素的含量；

NRV——该营养素的营养素参考值。

附 录 B
营养标签格式

B.1 本附录规定了预包装食品营养标签的格式。

B.2 应选择以下 6 种格式中的一种进行营养标签的标示。

B.2.1 仅标示能量和核心营养素的格式

仅标示能量和核心营养素的营养标签见示例 1。

示例 1：

营养成分表

项目	每 100 克（g）或 100 毫升（mL）或每份	营养素参考值 % 或 NRV%
能量	千焦（kJ）	%
蛋白质	克（g）	%
脂肪	克（g）	%
碳水化合物	克（g）	%
钠	毫克（mg）	%

B.2.2 标注更多营养成分

标注更多营养成分的营养标签见示例 2。

示例 2：

营养成分表

项目	每 100 克（g）或 100 毫升（mL）或每份	营养素参考值 % 或 NRV%
能量	千焦（kJ）	%
蛋白质	克（g）	%
脂肪	克（g）	%
——饱和脂肪	克（g）	%
胆固醇	毫克（mg）	%
碳水化合物	克（g）	%
——糖	克（g）	
膳食纤维	克（g）	%
钠	毫克（mg）	%
维生素 A	微克视黄醇当量（μgRE）	%
钙	毫克（mg）	%

注：核心营养素应采取适当形式使其醒目。

B.2.3 附有外文的格式

附有外文的营养标签见示例 3。

示例 3：

营养成分表 nutrition information

项目 /Items	每 100 克（g）或 100 毫升（mL）或每份 per 100g/100mL or per serving	营养素参考值 %/NRV%
能量 /energy	千焦（kJ）	%
蛋白质 /protein	克（g）	%
脂肪 /fat	克（g）	%
碳水化合物 /carbohydrate	克（g）	%
钠 /sodium	毫克（mg）	%

B.2.4 横排格式

横排格式的营养标签见示例 4。

示例 4：

营养成分表

项目	每 100 克（g）/ 毫升（mL）或每份	营养素参考值 % 或 NRV%	项目	每 100 克（g）/ 毫升（mL）或每份	营养素参考值 % 或 NRV%
能量	千焦（kJ）	%	碳水化合物	克（g）	%
蛋白质	克（g）	%	钠	毫克（mg）	%
脂肪	克（g）	%	—	—	%

注：根据包装特点，可将营养成分从左到右横向排开，分为两列或两列以上进行标示。

B.2.5 文字格式

包装的总面积小于 $100cm^2$ 的食品，如进行营养成分标示，允许用非表格的形式，并可省略营养素参考值（NRV）的标示。根据包装特点，营养成分从左到右横向排开，或者自上而下排开，如示例 5。

示例 5：

营养成分 /100g：能量 ××kJ，蛋白质 ××g，脂肪 ××g，碳水化合物

××g，钠××mg。

B.2.6　附有营养声称和（或）营养成分功能声称的格式

附有营养声称和（或）营养成分功能声称的营养标签见示例6。

示例6：

营养成分表

项目	每100克（g）或100毫升（mL）或每份	营养素参考值%或NRV%
能量	千焦（kJ）	%
蛋白质	克（g）	%
脂肪	克（g）	%
碳水化合物	克（g）	%
钠	毫克（mg）	%

营养声称如：低脂肪××。

营养成分功能声称如：每日膳食中脂肪提供的能量比例不宜超过总能量的30%。

营养声称、营养成分功能声称可以在标签的任意位置。但其字号不得大于食品名称和商标。

附 录 C

能量和营养成分含量声称和比较声称的要求、条件和同义语

C.1 表 C.1 规定了预包装食品能量和营养成分含量声称的要求和条件。

C.2 表 C.2 规定了预包装食品能量和营养成分含量声称的同义语。

C.3 表 C.3 规定了预包装食品能量和营养成分比较声称的要求和条件。

C.4 表 C.4 规定了预包装食品能量和营养成分比较声称的同义语。

表 C.1 能量和营养成分含量声称的要求和条件

项目	含量声称方式	含量要求[a]	限制性条件
能量	无能量	≤17kJ/100g（固体）或 100mL（液体）	其中脂肪提供的能量≤总能量的 50%。
	低能量	≤170kJ/100g 固体 ≤80kJ/100mL 液体	
蛋白质	低蛋白质	来自蛋白质的能量≤总能量的 5%	总能量指每 100g/mL 或每份
	蛋白质来源，或含有蛋白质	每 100g 的含量≥10%NRV 每 100mL 的含量≥5%NRV 或者 每 420kJ 的含量≥5%NRV	
	高，或富含蛋白质	每 100g 的含量≥20%NRV 每 100mL 的含量≥10%NRV 或者 每 420kJ 的含量≥10%NRV	
脂肪	无或不含脂肪	≤0.5g/100g（固体）或 100mL（液体）	
	低脂肪	≤3g/100g 固体；≤1.5g/100mL 液体	
	瘦	脂肪含量≤10%	仅指畜肉类和禽肉类
	脱脂	液态奶和酸奶：脂肪含量≤0.5%； 乳粉：脂肪含量≤1.5%	仅指乳品类
	无或不含饱和脂肪	≤0.1g/100g（固体）或 100mL（液体）	指饱和脂肪及反式脂肪的总和
	低饱和脂肪	≤1.5g/100g 固体 ≤0.75g/100mL 液体	1. 指饱和脂肪及反式脂肪的总和 2. 其提供的能量占食品总能量的 10% 以下
	无或不含反式脂肪酸	≤0.3g/100g（固体）或 100mL（液体）	

表 C.1（续）

项目	含量声称方式	含量要求[a]	限制性条件
胆固醇	无或不含胆固醇	≤5mg/100g（固体）或 100mL（液体）	应同时符合低饱和脂肪的声称含量要求和限制性条件
	低胆固醇	≤20mg/100g 固体 ≤10mg/100mL 液体	
碳水化合物（糖）	无或不含糖	≤0.5g/100g（固体）或 100mL（液体）	
	低糖	≤5g/100g（固体）或 100mL（液体）	
	低乳糖	乳糖含量≤2g/100g（mL）	仅指乳品类
	无乳糖	乳糖含量≤0.5g/100g（mL）	
膳食纤维	膳食纤维来源或含有膳食纤维	≥3g/100g（固体） ≥1.5g/100mL（液体）或 ≥1.5g/420kJ	膳食纤维总量符合其含量要求；或者可溶性膳食纤维、不溶性膳食纤维或单体成分任一项符合含量要求
	高或富含膳食纤维或良好来源	≥6g/100g（固体） ≥3g/100mL（液体）或 ≥3g/420kJ	
钠	无或不含钠	≤5mg/100g 或 100mL	符合“钠”声称的声称时，也可用“盐”字代替“钠”字，如“低盐”、“减少盐”等
	极低钠	≤40mg/100g 或 100mL	
	低钠	≤120mg/100g 或 100mL	
维生素	维生素 × 来源或含有维生素 ×	每 100g 中≥15%NRV 每 100mL 中≥7.5%NRV 或 每 420kJ 中≥5%NRV	含有“多种维生素”指 3 种和（或）3 种以上维生素含量符合“含有”的声称要求
	高或富含维生素 ×	每 100g 中≥30%NRV 每 100mL 中≥15%NRV 或 每 420kJ 中≥10%NRV	富含“多种维生素”指 3 种和（或）3 种以上维生素含量符合“富含”的声称要求
矿物质（不包括钠）	× 来源，或含有 ×	每 100g 中≥15%NRV 每 100mL 中≥7.5%NRV 或 每 420kJ 中≥5%NRV	含有“多种矿物质”指 3 种和（或）3 种以上矿物质含量符合“含有”的声称要求
	高，或富含 ×	每 100g 中≥30%NRV 每 100mL 中≥15%NRV 或 每 420kJ 中≥10%NRV	富含“多种矿物质”指 3 种和（或）3 种以上矿物质含量符合“富含”的声称要求

[a] 用“份”作为食品计量单位时，也应符合 100g（mL）的含量要求才可以进行声称。

表 C.2 含量声称的同义语

标准语	同义语	标准语	同义语
不含，无	零（0），没有，100% 不含，无，0%	含有，来源	提供，含，有
极低	极少	富含，高	良好来源，含丰富 ××、丰富（的）××，提供高（含量）××
低	少、少油[a]		
[a]“少油”仅用于低脂肪的声称。			

表 C.3 能量和营养成分比较声称的要求和条件

比较声称方式	要　求	条　件
减少能量	与参考食品比较，能量值减少 25% 以上	参考食品（基准食品）应为消费者熟知、容易理解的同类或同一属类食品
增加或减少蛋白质	与参考食品比较，蛋白质含量增加或减少 25% 以上	
减少脂肪	与参考食品比较，脂肪含量减少 25% 以上	
减少胆固醇	与参考食品比较，胆固醇含量减少 25% 以上	
增加或减少碳水化合物	与参考食品比较，碳水化合物含量增加或减少 25% 以上	
减少糖	与参考食品比较，糖含量减少 25% 以上	
增加或减少膳食纤维	与参考食品比较，膳食纤维含量增加或减少 25% 以上	
减少钠	与参考食品比较，钠含量减少 25% 以上	
增加或减少矿物质（不包括钠）	与参考食品比较，矿物质含量增加或减少 25% 以上	
增加或减少维生素	与参考食品比较，维生素含量增加或减少 25% 以上	

表 C.4 比较声称的同义语

标准语	同义语	标准语	同义语
增加	增加 ×%（× 倍）	减少	减少 ×%（× 倍）
	增、增 ×%（× 倍）		减、减 ×%（× 倍）
	加、加 ×%（× 倍）		少、少 ×%（× 倍）
	增高、增高（了）×%（× 倍）		减低、减低 ×%（× 倍）
	添加（了）×%（× 倍）		降 ×%（× 倍）
	多 ×%，提高 × 倍等		降低 ×%（× 倍）等

附　录　D

能量和营养成分功能声称标准用语

D.1　本附录规定了能量和营养成分功能声称标准用语。

D.2　能量

人体需要能量来维持生命活动。

机体的生长发育和一切活动都需要能量。

适当的能量可以保持良好的健康状况。

能量摄入过高、缺少运动与超重和肥胖有关。

D.3　蛋白质

蛋白质是人体的主要构成物质并提供多种氨基酸。

蛋白质是人体生命活动中必需的重要物质，有助于组织的形成和生长。

蛋白质有助于构成或修复人体组织。

蛋白质有助于组织的形成和生长。

蛋白质是组织形成和生长的主要营养素。

D.4　脂肪

脂肪提供高能量。

每日膳食中脂肪提供的能量比例不宜超过总能量的 30%。

脂肪是人体的重要组成成分。

脂肪可辅助脂溶性维生素的吸收。

脂肪提供人体必需脂肪酸。

D.4.1　饱和脂肪

饱和脂肪可促进食品中胆固醇的吸收。

饱和脂肪摄入过多有害健康。

过多摄入饱和脂肪可使胆固醇增高，摄入量应少于每日总能量的 10%。

D.4.2　反式脂肪酸

每天摄入反式脂肪酸不应超过 2.2g，过多摄入有害健康。

反式脂肪酸摄入量应少于每日总能量的 1%，过多摄入有害健康。

过多摄入反式脂肪酸可使血液胆固醇增高，从而增加心血管疾病发生的风险。

D.5 胆固醇

成人一日膳食中胆固醇摄入总量不宜超过300mg。

D.6 碳水化合物

碳水化合物是人类生存的基本物质和能量主要来源。

碳水化合物是人类能量的主要来源。

碳水化合物是血糖生成的主要来源。

膳食中碳水化合物应占能量的60%左右。

D.7 膳食纤维

膳食纤维有助于维持正常的肠道功能。

膳食纤维是低能量物质。

D.8 钠

钠能调节机体水分，维持酸碱平衡。

成人每日食盐的摄入量不超过6g。

钠摄入过高有害健康。

D.9 维生素A

维生素A有助于维持暗视力。

维生素A有助于维持皮肤和黏膜健康。

D.10 维生素D

维生素D可促进钙的吸收。

维生素D有助于骨骼和牙齿的健康。

维生素D有助于骨骼形成。

D.11 维生素E

维生素E有抗氧化作用。

D.12 维生素B_1

维生素B_1是能量代谢中不可缺少的成分。

维生素B_1有助于维持神经系统的正常生理功能。

D.13 维生素 B_2

维生素 B_2 有助于维持皮肤和黏膜健康。

维生素 B_2 是能量代谢中不可缺少的成分。

D.14 维生素 B_6

维生素 B_6 有助于蛋白质的代谢和利用。

D.15 维生素 B_{12}

维生素 B_{12} 有助于红细胞形成。

D.16 维生素 C

维生素 C 有助于维持皮肤和黏膜健康。

维生素 C 有助于维持骨骼、牙龈的健康。

维生素 C 可以促进铁的吸收。

维生素 C 有抗氧化作用。

D.17 烟酸

烟酸有助于维持皮肤和黏膜健康。

烟酸是能量代谢中不可缺少的成分。

烟酸有助于维持神经系统的健康。

D.18 叶酸

叶酸有助于胎儿大脑和神经系统的正常发育。

叶酸有助于红细胞形成。

叶酸有助于胎儿正常发育。

D.19 泛酸

泛酸是能量代谢和组织形成的重要成分。

D.20 钙

钙是人体骨骼和牙齿的主要组成成分，许多生理功能也需要钙的参与。

钙是骨骼和牙齿的主要成分，并维持骨密度。

钙有助于骨骼和牙齿的发育。

钙有助于骨骼和牙齿更坚固。

D.21 镁

镁是能量代谢、组织形成和骨骼发育的重要成分。

D.22 铁

铁是血红细胞形成的重要成分。

铁是血红细胞形成的必需元素。

铁对血红蛋白的产生是必需的。

D.23 锌

锌是儿童生长发育的必需元素。

锌有助于改善食欲。

锌有助于皮肤健康。

D.24 碘

碘是甲状腺发挥正常功能的元素。

《预包装食品营养标签通则》(GB 28050—2011)问答(修订版)

中华人民共和国国家卫生和计划生育委员会 2014－02－26

一、基本情况

(一)制定目的

食品营养标签是向消费者提供食品营养信息和特性的说明，也是消费者直观了解食品营养组分、特征的有效方式。根据《食品安全法》有关规定，为指导和规范我国食品营养标签标示，引导消费者合理选择预包装食品，促进公众膳食营养平衡和身体健康，保护消费者知情权、选择权和监督权，原卫生部在参考国际食品法典委员会和国内外管理经验的基础上，组织制定了 GB 28050—2011《预包装食品营养标签通则》以下简称“营养标签标准”，于 2013 年 1 月 1 日起正式实施。

(二)实施营养标签标准的意义

根据国家营养调查结果，我国居民既有营养不足，也有营养过剩的问题，特别是脂肪和钠(食盐)的摄入较高，是引发慢性病的主要因素。通过实施营养标签标准，要求预包装食品必须标示营养标签内容，一是有利于宣传普及食品营养知识，指导公众科学选择膳食；二是有利于促进消费者合理平衡膳食和身体健康；三是有利于规范企业正确标示营养标签，科学宣传有关营养知识，促进食品产业健康发展。

(三)国际上食品营养标签管理情况

国际组织和许多国家都非常重视食品营养标签，国际食品法典委员会(CAC)先后制定了多个营养标签相关标准和技术文件，大多数国家制定了有关法规和标准。特别是世界卫生组织 / 联合国粮农组织(WHO/FAO)的《膳食、营养与慢性病》报告发布后，各国在推行食品营养标签制度和指导健康膳食方面出台了更多举措。世界卫生组织(WHO)2004 年调查显示，74.3% 的国家有食品营养标签管理法规。美国早在 1994 年就开始强制实施营养标签法规，我国台湾地区和香港特别行政区也已对预包装食品采取强制性营养标签管理制度。

(四)营养标签标准实施原则

标准实施应当遵循以下原则：一是食品生产企业应当严格依据法律法规和标准组织生产，符合营养标签标准要求。二是提倡以技术指导和规范执法并重的监督执法方式，对预包装食品营养标签不规范的，应积极指导生产企业，帮助查找原因，采取“加贴”等改进措施改正（国家另行规定的除外）。三是推动食品产业健康发展，食品生产企业应当采取措施，将营养标签标准的各项要求与生产技术、经营、管理工作相结合，逐步减少盐、脂肪和糖的用量，提高食品的营养价值，促进产业健康发展。

（五）营养标签标准与相关部门规章、规范性文件的衔接

营养标签标准是食品安全国家标准，属于强制执行的标准。标准实施后，其他相关规定与本标准不一致的，应当按照本标准执行。自营养标签标准实施之日，原卫生部2007年公布的《食品营养标签管理规范》即行废止。

（六）营养标签标准与原《食品营养标签管理规范》的比较

营养标签标准充分考虑了《食品营养标签管理规范》规定及其实施情况，借鉴了国外的管理经验，进一步完善了营养标签管理制度，主要是：

1.简化了营养成分分类和标签格式。删除“宜标示的营养成分”分类，调整营养成分标示顺序，减少对营养标签格式的限制，增加文字表述的基本格式。

2.增加了使用营养强化剂和氢化油要强制性标示相关内容、能量和营养素低于“0”界限值时应标示“0”等强制性标示要求。

3.删除可选择标示的营养成分铬、钼及其NRV值。

4.简化了允许误差，删除对维生素A、D含量在“强化与非强化食品”中允许误差的差别。

5.适当调整了营养声称规定。增加营养声称的标准语和同义语，增加反式脂肪（酸）“0”声称的要求和条件，增加部分营养成分按照每420kJ标示的声称条件。

6.适当调整了营养成分功能声称。删除对营养成分功能声称放置位置的限制，增加能量、膳食纤维、反式脂肪（酸）等的功能声称用语，修改饱和脂肪、泛酸、镁、铁等的功能声称用语。

二、适用对象和范围

（一）预包装食品

直接提供给消费者的预包装食品，应按照本标准规定标示营养标签（豁免标示的食品除外）；非直接提供给消费者的预包装食品，可以参照本标准执行，也可以按企业双方约定或合同要求标注或提供有关营养信息。

（二）关于豁免强制标示营养标签的预包装食品

根据国际上实施营养标签制度的经验，营养标签标准中规定了可以豁免标识营养标签的部分食品范围。鼓励豁免的预包装食品按本标准要求自愿标识营养标签。豁免强制标识营养标签的食品如下：

1. 食品的营养素含量波动大的，如生鲜食品、现制现售食品；

2. 包装小，不能满足营养标签内容的，如包装总表面积≤100cm^2 或最大表面面积≤20cm^2 的预包装食品；

3. 食用量小、对机体营养素的摄入贡献较小的，如饮料酒类、包装饮用水、每日食用量≤10g 或 10mL 的。

符合以上条件的预包装食品，如果有以下情形，则应当按照营养标签标准的要求，强制标注营养标签：

1. 企业自愿选择标识营养标签的；

2. 标签中有任何营养信息（如"蛋白质≥3.3%"等）的。但是，相关产品标准中允许使用的工艺、分类等内容的描述，不应当作为营养信息，如"脱盐乳清粉"等；

3. 使用了营养强化剂、氢化和（或）部分氢化植物油的；

4. 标签中有营养声称或营养成分功能声称的。

（三）关于生鲜食品

是指预先定量包装的、未经烹煮、未添加其他配料的生肉、生鱼、生蔬菜和水果等，如袋装鲜（或冻）虾、肉、鱼或鱼块、肉块、肉馅等。此外，未添加其他配料的干制品类，如干蘑菇、木耳、干水果、干蔬菜等，以及生鲜蛋类等，也属于本标准中生鲜食品的范围。

但是，预包装速冻面米制品和冷冻调理食品不属于豁免范围，如速冻饺子、包子、汤圆、虾丸等。

（四）关于乙醇含量≥0.5% 的饮料酒类

酒精含量大于等于 0.5% 的饮料酒类产品，包括发酵酒及其配制酒、蒸馏酒及其配制酒以及其他酒类（如料酒等）。上述酒类产品除水分和酒精外，基本不含任何营养素，可不标示营养标签。

（五）关于包装总表面积≤100cm^2 或最大表面面积≤20cm^2 的预包装食品

产品包装总表面积小于等于 100cm^2 或最大表面面积小于等于 20cm^2 的预包装食品可豁免强制标示营养标签（两者满足其一即可），但允许自愿标示营养信息。这类产品自愿标示营养信息时，可使用文字格式，并可省略营养素参考值（NRV）标示。

包装总表面积计算可在包装未放置产品时平铺测定，但应除去封边及不能印刷文字部分所占尺寸。包装最大表面面积的计算方法同《预包装食品标签通则》（GB 7718—2011）的附录 A。

（六）关于重复使用玻璃瓶包装的食品

对于重复使用玻璃瓶包装的食品，如果无法在瓶身印刷信息，可按照"包装总表面积≤100cm^2 或最大表面面积≤20cm^2 的食品”执行，免于标示营养标签。鼓励生产企业在上述食品的外包装箱或其包装箱内提供营养信息。

（七）关于现制现售食品

是指现场制作、销售并可即时食用的食品。

但是，食品加工企业集中生产加工、配送到商场、超市、连锁店、零售店等销售的预包装食品，应当按标准规定标示营养标签。

（八）关于包装饮用水

包装饮用水是指饮用天然矿泉水、饮用纯净水及其他饮用水，这类产品主要提供水分，基本不提供营养素，因此豁免强制标示营养标签。

对于包装饮用水，依据相关标准标注产品的特征性指标，如偏硅酸、碘化物、硒、溶解性总固体含量以及主要阳离子（K^+、Na^+、Ca^{2+}、Mg^{2+}）含量范围等，不作为营养信息。

（九）关于每日食用量≤10g 或 10mL 的预包装食品

指食用量少、对机体营养素的摄入贡献较小，或者单一成分调味品的食品，具体包括：

1. 调味品：味精、食醋等；

2. 甜味料：食糖、淀粉糖、花粉、餐桌甜味料、调味糖浆等；

3. 香辛料：花椒、大料、辣椒等单一原料香辛料和五香粉、咖喱粉等多种香辛料混合物；

4. 可食用比例较小的食品：茶叶（包括袋泡茶）、胶基糖果、咖啡豆、研磨咖啡粉等；

5. 其他：酵母，食用淀粉等。

但是，对于单项营养素含量较高、对营养素日摄入量影响较大的食品，如腐乳类、酱腌菜（咸菜）、酱油、酱类（黄酱、肉酱、辣酱、豆瓣酱等）以及复合调味料等，应当标示营养标签。

（十）使用了营养强化剂的预包装食品如何标示营养信息

使用了营养强化剂的预包装食品，除按标准 4.1 规定标示外，在营养成分表中还应标示强化后食品中该营养素的含量及其占营养素参考值（NRV）的百分比。若强化的营养成分不属于本标准表 1 所列范围，其标示顺序应排列于表 1 所列营养素之后，但对其排列顺序不作要求。

既是营养强化剂又是食品添加剂的物质，如维生素 C、维生素 E、β－胡萝卜素、核黄素、碳酸钙等，若按照 GB 14880 规定作为营养强化剂使用时，应当按照本标准要求标示其含量及 NRV%（无 NRV 值的无需标示 NRV%）；若仅作为食品添加剂使用，可不在营养标签中标示。

三、营养成分表

（一）关于营养成分表

营养成分表是标示食品中能量和营养成分的名称、含量及其占营养素参考值（NRV）百分比的规范性表格。例如：

营养成分表

项目	每 100g	NRV%
能量	1823kJ	22%
蛋白质	9.0g	15%
脂肪	12.7g	21%
碳水化合物	70.6g	24%
钠	204mg	10%
维生素 A	72mgRE	9%
维生素 B_1	0.09mg	6%

（二）"营养成分表与包装的基线垂直"应如何理解

包装的基线是指包装的直线边缘或轴线，或者是产品的底面形成的基线。在保证营养成分表为方框表的前提下，其一边与基线垂直即可。

（三）营养成分表的基本要素

包括 5 个基本要素：表头、营养成分名称、含量、NRV% 和方框。

1. 表头。以"营养成分表"作为表头；

2. 营养成分名称。按标准表 1 的名称和顺序标示能量和营养成分；

3. 含量。指含量数值及表达单位，为方便理解，表达单位也可位于营养成分名称后，如：能量（kJ）；

4.NRV%。指能量或营养成分含量占相应营养素参考值（NRV）的百分比；

5. 方框。采用表格或相应形式。

营养成分表各项内容应使用中文标示，若同时标示英文，应与中文相对应。企业在制作营养标签时，可根据版面设计对字体进行变化，以不影响消费者正确理解为宜。

（四）关于核心营养素

核心营养素是食品中存在的与人体健康密切相关，具有重要公共卫生意义的营养素，摄入缺乏可引起营养不良，影响儿童和青少年生长发育和健康，摄入过量则可导致肥胖和慢性病发生。本标准中的核心营养素是在充分考虑我国居民营养健康状况和慢性病发病状况的基础上，结合国际贸易需要与我国社会发展需求等多种因素而确定的，包括蛋白质、脂肪、碳水化合物、钠四种。

根据标准实施情况将适时对核心营养素的数量和内容进行补充完善。

（五）其他国家和地区规定的核心营养素

各国规定的核心营养素主要基于其居民营养状况、营养缺乏病、慢性病的发生率、监督水平、企业承受能力等因素确定。部分国家和地区规定的核心营养素如表1。

表1　部分国家和地区核心营养素数量及种类

国家或地区	能量＋核心营养素
国际食品法典委员会	1+6：能量、蛋白质、可利用碳水化合物、脂肪、饱和脂肪、钠、总糖
美国	1+14：能量、由脂肪提供的能量百分比、脂肪、饱和脂肪、胆固醇、总碳水化合物、糖、膳食纤维、蛋白质、维生素A、维生素C、钠、钙、铁、反式脂肪酸
加拿大	1+13：能量、脂肪、饱和脂肪、反式脂肪（同时标出饱和脂肪与反式脂肪之和）、胆固醇、钠、总碳水化合物、膳食纤维、糖、蛋白质、维生素A、维生素C、钙、铁
澳大利亚	1+6：能量、蛋白质、脂肪、饱和脂肪、碳水化合物、糖、钠
马来西亚	1+4：能量、蛋白质、脂肪、碳水化合物、总糖
新加坡	1+8：能量、蛋白质、总脂肪、饱和脂肪、反式脂肪、胆固醇、碳水化合物、膳食纤维、钠
日本	1+4：能量、蛋白质、脂肪、碳水化合物、钠
台湾地区	1+6：能量、蛋白质、脂肪、饱和脂肪、反式脂肪、碳水化合物、钠
香港特别行政区	1+7：能量、蛋白质、碳水化合物、总脂肪、饱和脂肪、反式脂肪、糖、钠

（六）能量及核心营养素以外的其他营养成分如何标示

企业可自愿标示能量及核心营养素以外的营养成分，并按照本标准表1所列名称、顺序、表达单位、修约间隔、“0”界限值等进行标示。表1中没有列出但我国法律法规允许强化的营养成分，应列在表1所示营养成分之后。

（七）关于能量及其折算

能量指食品中蛋白质、脂肪、碳水化合物等产能营养素在人体代谢中产生能量的总和。

营养标签上标示的能量主要由计算法获得。即蛋白质、脂肪、碳水化合物等产能营养素的含量乘以各自相应的能量系数（见表2）并进行加和，能量值以千焦（kJ）为单位标示。当产品营养标签中标示核心营养素以外的其他产能营养素如膳食纤维等，还应计算膳食纤维等提供的能量；未标注其他产能营养素时，在计算能量时可以不包括其提供的能量。

表2　食品中产能营养素的能量折算系数

成分	kJ/g	成分	kJ/g
蛋白质	17	乙醇（酒精）	29
脂肪	37	有机酸	13
碳水化合物	17	膳食纤维*	8

*包括膳食纤维的单体成分，如不消化的低聚糖、不消化淀粉、抗性糊精等，也按照8kJ/g折算。

（八）关于糖醇和糖醇的能量系数

糖醇是指酮基或醛基被置换成羟基的糖类衍生物的总称，属于碳水化合物的一种。我国相关国家标准中尚未规定糖醇的能量系数。鉴于目前糖醇在部分类别食品中使用较多，为科学计算能量，建议赤藓糖醇能量系数为0kJ/g，其他糖醇的能量系数为10kJ/g。

（九）关于蛋白质及其含量

蛋白质是一种含氮有机化合物，以氨基酸为基本单位组成。

食品中蛋白质含量可通过“总氮量”乘以“蛋白质折算系数”计算（公式和折算系数如下），还可通过食品中各氨基酸含量的总和来确定。

$$蛋白质（g/100g）= 总氮量（g/100g）\times 蛋白质折算系数$$

不同食品中蛋白质折算系数见表3。对于含有两种或两种以上蛋白质来源的加工食品，统一使用折算系数6.25。

表3　蛋白质折算系数

食物	折算系数	食物	折算系数
纯乳与纯乳制品	6.38	肉与肉制品	6.25
面粉	5.70	花生	5.46
玉米、高粱	6.24	芝麻、向日葵	5.30
大米	5.95	大豆蛋白制品	6.25
大麦、小米、燕麦、裸麦	5.83	大豆及其粗加工制品	5.71
注：引自《食品中蛋白质的测定》(GB 5009.5—2010)			

（十）关于脂肪及其含量

脂肪的含量可通过测定粗脂肪（crude fat）或总脂肪（total fat）获得，在营养标签上两者均可标示为“脂肪”。粗脂肪是食品中一大类不溶于水而溶于有机溶剂（乙醚或石油醚）的化合物的总称，除了甘油三酯外，还包括磷脂、固醇、色素等，可通过索氏抽提法或罗高氏法等方法测定。总脂肪是通过测定食品中单个脂肪酸含量并折算脂肪酸甘油三酯总和获得的脂肪含量。

（十一）关于碳水化合物及其含量

碳水化合物是指糖（单糖和双糖）、寡糖和多糖的总称，是提供能量的重要营养素。

食品中碳水化合物的量可按减法或加法计算获得。减法是以食品总质量为100，减去蛋白质、脂肪、水分、灰分和膳食纤维的质量，称为“可利用碳水化合物”；或以食品总质量为100，减去蛋白质、脂肪、水分、灰分的质量，称为“总碳水化合物”。在标签上，上述两者均以“碳水化合物”标示。加法是以淀粉和糖的总和为“碳水化合物”。

（十二）关于食品中的钠

食品中的钠指食品中以各种化合物形式存在的钠的总和。食盐是膳食中钠的主要来源。

世界卫生组织推荐健康成年人每日食盐摄入量不超过5g，中国营养学会推荐每日食盐摄入量不超过6g，但膳食调查结果显示我国居民盐平均摄入量远高于中国营养学会推荐水平。过量摄入食盐可引起高血压等许多健康问题，因此倡导低盐饮食。

（十三）关于反式脂肪酸

反式脂肪酸是油脂加工中产生的含1个或1个以上非共轭反式双键的不饱和脂肪酸的总和，不包括天然反式脂肪酸。在食品配料中含有或生产过程中使用了氢化和（或）部分氢化油脂时，应标示反式脂肪（酸）含量。

配料中含有以氢化油和（或）部分氢化油为主要原料的产品，如人造奶油、起酥油、植脂末和代可可脂等，也应标示反式脂肪（酸）含量，但是若上述产品中未使用氢化油的，可由企业自行选择是否标示反式脂肪酸含量。

食品中天然存在的反式脂肪酸不要求强制标示，企业可以自愿选择是否标示。若企业对反式脂肪酸进行声称，则需要强制标示出其含量，并且必须符合标准中的声称要求。

（十四）如何理解配料表中含有氢化和/或部分氢化油，但营养成分表中反式脂肪酸含量为“0”的情况

当配料中氢化油和/或部分氢化油所占比例很小，或者植物油氢化比较完全，产生的反式脂肪酸含量很低时，终产品中反式脂肪酸含量低于“0”界限值，此时反式脂肪酸应标示为“0”。

（十五）如何使能量与核心营养素标示醒目

使能量与核心营养素标示更加醒目的方法推荐如下：

· 增大字号；

· 改变字体（如斜体、加粗、加黑）；

· 改变颜色（字体或背景颜色）；

· 改变对齐方式或其他方式。

如下表，营养成分表中增加了维生素 C、钙和铁的标示后，能量及核心营养素用加粗的方式使其醒目。

营养成分表

项目	每 100g	营养素参考值 %
能量	kJ	%
蛋白质	g	%
脂肪	g	%
碳水化合物	g	%
钠	mg	%
维生素 C	mg	%
钙	mg	%
铁	mg	%

（十六）关于营养成分含量的标示

应当以每 100 克（100 毫升）和 / 或每份食品中的含量数值标示，如“能量 1000kJ/100g”，并同时标示所含营养成分占营养素参考值（NRV）的百分比。

营养成分的含量只能使用具体的含量数值，不能使用范围值标示，如“≤ × ×”、“≥ × ×”，“40—1000”等。

（十七）关于营养成分“0”界限值

“0”界限值是指当能量或某一营养成分含量小于该界限值时，基本不具有实际营养意义，而在检测数据的准确性上有较大风险，因此应标示为“0”。企业标注为“0+ 表达单位”、“0.0+ 表达单位”等方式均不会影响消费者的正确理解。

当以每份标示营养成分时，也要符合每 100g 或 100ml 的“0”的界限值规定。

（十八）关于营养成分的名称和顺序

营养成分应按本标准表 1 第 1 列名称和顺序标示。当某营养素有两个名称时，如烟酸（烟酰胺），可以选择标示“烟酸”或“烟酰胺”，也可以标示“烟酸（烟酰胺）”。同样，饱和脂肪（酸）可标示为“饱和脂肪”或“饱和脂肪酸”，也可标示为“饱和脂肪（酸）”。类似的还有“反式脂肪（酸）”、“单不饱和脂肪（酸）”、“多不饱和脂肪（酸）”等。

（十九）关于营养成分的表达单位

营养成分的表达单位应按本标准表 1 第 2 列要求标示，可使用中文或括号中的英文表达，也可两者都使用，但不可以使用其他单位，如维生素 D 的含量单位只能用“微克”或“μg”标示，不可以用国际单位“IU”标示。规范表达单位对推行营养标签、便于消费者理解和记忆、产品营养素比较等均有重要作用。

（二十）关于营养素参考值（NRV）

营养素参考值（NRV，Nutrition Reference Values）是用于比较食品营养成分含量高低的参考值，专用于食品营养标签。营养成分含量与 NRV 进行比较，能使消费者更好地理解营养成分含量的高低。

“营养素参考值”和“NRV”可同时写在营养成分表中，也可只写一个，如“营养素参考值（NRV）%”、“营养素参考值%”或“NRV%”。当表头中已经标示百分号（%）的情况下，表中可标示为“*X*%”或者仅标示数值如“*X*”。规定了 NRV 值的营养成分应当标示 NRV%，未规定 NRV 值的营养成分仅需标示含量。鼓励企业通过标签或其他方式正确宣传 NRV 的概念和意义。

本标准附录 A 给出了规定的能量和 32 种营养成分的营养素参考值（NRV），计算时直接用能量和营养成分的含量标示值除以相应的 NRV 即可。对于 NRV 值低于某数值的营养成分，如脂肪的 NRV 为≤60g，在计算产品脂肪含量占 NRV 的百分比时，应该按照 60g 来计算。饱和脂肪、胆固醇也采取类似方式计算。

（二十一）关于未规定 NRV 的营养成分

标准附录 A 给出了能量和 32 种营养成分的 NRV 值。一些允许标示的营养素，如糖、不饱和脂肪酸、反式脂肪酸等营养成分尚无 NRV 值。对于未规定 NRV 的营养成分，其“NRV%”可以空白，也可以用斜线、横线等方式表达。

当总成分含量用某一单体成分代表时，可使用总成分的 NRV 数值计算。如糖可使用碳水化合物的 NRV 值计算，可溶性膳食纤维和（或）不可溶性膳食纤维可使用膳食纤维的 NRV 值计算。

例如：某产品含有或者添加了膳食纤维，检测数值为可溶性膳食纤维 2.5 克/100 克，总膳食纤维 3.2 克/100 克，则可标示总膳食纤维，也可以单体计，标示为：膳食纤维 3.2g/100g，13%（NRV%）；或膳食纤维（以可溶性膳食纤维计）2.5g/100g，10%（NRV%）；或膳食纤维（以不可溶性膳食纤维计）0.7g/100g，3%（NRV%）。

（二十二）多聚果糖如何标示

可在营养成分表内，以膳食纤维单体的形式标示。

例如：膳食纤维（以多聚果糖计）1.5g 6%（NRV%）。

类似标记方法的营养成分包括：多聚果糖、不溶或可溶性膳食纤维、非淀粉多糖、菊粉、聚葡萄糖、低聚半乳糖、抗性淀粉、抗性糊精等。

（二十三）添加两种及以上膳食纤维成分如何标示

若产品中添加了两种及以上膳食纤维，如多聚果糖 1.5g/100g，菊粉 1.0g/100g 时，可标示为：膳食纤维（以多聚果糖＋菊粉计）2.5g；10%（NRV%）；或膳食纤维（以多聚果糖、菊粉计）2.5g；10%（NRV%）；或膳食纤维（以多聚果糖和菊粉计）2.5g；10%（NRV%）。

（二十四）关于益生菌的标示

益生菌不属于营养标签标准中规定的营养成分，不应在营养标签的营养成分表中标示，应按照 GB7718 的要求客观真实地进行标示。

（二十五）关于数值和 NRV% 的修约规则

可采用《数值修约规则与极限数值的表示和判定》（GB/T 8170）中规定的数值修约规则，也可直接采用四舍五入法，建议在同一营养成分表中采用同一修约规则。

（二十六）某营养成分的 NRV% 不足 1% 时如何标示

当某营养成分含量≤“0”界限值时，应按照本标准表 1 中“0”界限值的规定，含量值标示为“0”，NRV% 也标示为 0%。当某营养成分的含量＞“0”界限值，但 NRV%＜1%，则应根据 NRV 的计算结果四舍五入取整，如计算结果＜0.5%，标示为“0%”，计算结果≥0.5% 但＜1%，则标示为 1%。

（二十七）关于“份”的标示

食品企业可选择以每 100 克（g）、每 100 毫升（ml）、每份来标示营养成分表，目标是准确表达产品营养信息。

“份”是企业根据产品特点或推荐量而设定的，每包、每袋、每支、每罐等均可作为 1 份，也可将 1 个包装分成多份，但应注明每份的具体含量（克、毫升）。

用“份”为计量单位时，营养成分含量数值“0”界限值应符合每 100g 或每 100ml 的“0”界限值规定。例如：某食品每份（20g）中含蛋白质 0.4g，100g 该食品中蛋白质含量为 2.0g，按照“0”界限值的规定，在产品营养成分表中蛋白质含量应标示为 0.4g，而不能为 0。

（二十八）当销售单元包含若干可独立销售的预包装食品时，直接向消费者交付的外包装（或大包装）上如何标示

若该销售单元内的多件食品为不同品种，应在外包装（或大包装）标示每个品种食品的所有强制标示内容，可将共有信息统一标示。

若外包装（或大包装）易于开启识别（即开启时外包装不受损坏）或透过外包装（或大包装）能清晰识别内包装（或容器）的所有或部分强制标示内容，可不在外包装（或大包装）重复标示相应内容。

（二十九）销售单元内包含多种不同食品时，外包装上如何标示

1. 标示包装内食品营养成分的平均含量。平均含量可以是整个大包装的检验数据，也可以是按照比例计算的营养成分含量，例如：

营养成分表

项目	每 100g	NRV%
能量	kJ	%
蛋白质	g	%
脂肪	g	%
碳水化合物	g	%
钠	mg	%

2. 分别标示各食品的营养成分含量，共有信息可共用，例如：

营养成分表

项目	食品 1		食品 2		食品 3	
	每 100g	NRV%	每 100g	NRV%	每 100g	NRV%
能量	kJ	%	kJ	%	kJ	%
蛋白质	g	%	g	%	g	%
脂肪	g	%	g	%	g	%
碳水化合物	g	%	g	%	g	%
钠	mg	%	mg	%	mg	%

同一包装内含有可由消费者酌情添加的配料（如方便面的调料包、膨化食品的蘸酱包等）时，也可采用本方法进行标示。

3. 当豁免强制标示营养标签的预包装食品作为赠品时，可以不在外包装上标示赠品的营养信息。

（三十）当含有非可食部分时如何标示

食品含有皮、骨、籽等非可食部分的，如罐装的排骨、鱼、袋装带壳坚果等，应首先计算可食部（计算公式如下），再标示可食部中能量和营养成分含量。

可食部 =（总重量 − 废弃量）/ 总重量 ×100%

（三十一）关于营养标签的辅助信息

企业按照本标准规定，正确、规范地在营养成分表中标示营养信息后，在不违背相关法律和标准的前提下，允许采用图形或者其他方式对营养标签进行解释说明，如对营养成分的数值进行说明、解释 NRV 的概念，NRV% 高低的含义等，以方便消费者更好地理解。

四、数值分析、产生和核查

（一）获得营养成分含量的方法

1. 直接检测：选择国家标准规定的检测方法，在没有国家标准方法的情况下，可选用 AOAC 推荐的方法或公认的其他方法，通过检测产品直接得到营养成分含量数值。

2. 间接计算：

A. 利用原料的营养成分含量数据，根据原料配方计算获得；

B. 利用可信赖的食物成分数据库数据，根据原料配方计算获得。

对于采用计算法的，企业负责计算数值的准确性，必要时可用检测数据进行比较和评价。为保证数值的溯源性，建议企业保留相关信息，以便查询和及时纠正相关问题。

（二）可用于计算的原料营养成分数据来源

供货商提供的检测数据；企业产品生产研发中积累的数据；权威机构发布的数据，如《中国食物成分表》。

（三）可使用的食物成分数据库

1. 中国疾病预防控制中心营养与食品安全所编著的《中国食物成分表》第一册和第二册；

2. 如《中国食物成分表》未包括相关内容，还可参考以下资料：美国农业部《USDA National Nutrient Database for Standard Reference》、英国食物标准局和食物研究所《McCance and Widdowson's the Composition of Foods》或其他国家的权威数据库资料。

（四）关于营养成分的检测

营养成分检测应首先选择国家标准规定的检测方法或与国家标准等效的检测方法，没有国家标准规定的检测方法时，可参考国际组织标准或权威科学文献。

企业可自行开展营养成分的分析检测，也可委托有资质的检验机构完成。

（五）关于检测批次和样品数

正常检测样品数和检测次数越多，越接近真实值。在实际操作中，对于营养素含量不稳定或原料本底值容易变动的食品，应相应增加检测批次。

企业可以根据产品或营养成分的特性，确定抽检样品的来源、批次和数量。原则上这些样品应能反映不同批次的产品，具有产品代表性，保证标示数据的可靠性。

（六）关于标示数值的准确性

企业可以基于计算或检测结果，结合产品营养成分情况，并适当考虑该成分的允许误差来确定标签标示的数值。当检测数值与标签标示数值出现较大偏差时，企业应分析产生差异的原因，如主要原料的季节性和产地差异、计算和检测误差等，及时纠正偏差。

判定营养标签标示数值的准确性时，应以企业确定标签数值的方法作为依据。

（七）营养标签标示值允许误差与执行的产品标准之间的关系

营养标签的标示值应真实客观地反映产品中营养成分的含量，而允许误差则是判断标签标示值是否正确的依据，但不能仅以允许误差判定产品是否合格。如果相应产品的标准中对营养素含量有要求，应同时符合产品标准的要求和营养标签标准规定的允许误差范围。

如《灭菌乳》（GB 25190—2010）中规定牛乳中蛋白质含量应≥2.9g/100g，若该产品营养标签上蛋白质标示值为3.0g/100g，判定产品是否合格应看其蛋白质实际含量是否≥2.9g/100g。

（八）关于能量值与供能营养素提供能量之和的关系

标签上能量值理论上应等于供能营养素（蛋白质、脂肪、碳水化合物等）提供能量之和，但由于营养成分标示值的“修约”、供能营养素符合“0”界限值要求而标示为“0”等原因，可能导致能量计算结果不一致。

（九）采用计算法制作营养标签的示例

以产品A为例。

第一步：确认产品A的配方和原辅材料清单。

原辅材料名称	占总配方百分比/%
原料A	X
原料B	X
原料C	X
原料D	X

第二步：收集各类原辅材料的营养成分信息，并记录每个营养数据的来源。

原辅材料名称	原辅材料的营养成分信息（/100g）				数据来源
	蛋白质 /g	脂肪 /g	碳水化合物 /g	钠 /mg	
原料 A	*X*	*X*	*X*	*X*	中国食物成分表第一册
原料 B	*X*	*X*	*X*	*X*	供应商提供
原料 C	*X*	*X*	*X*	*X*	供应商提供
原料 D	*X*	*X*	*X*	*X*	中国食物成分表第二册

第三步：通过上述原辅材料的营养成分数据，计算产品 A 的每种营养成分数据和能量值，并结合能量及各营养成分的允许误差范围，对能量和营养成分数值进行修约。

项目	100 克（修约前）	100 克（修约后）
能量	*X*	*X*
蛋白质	*X*	*X*
脂肪	*X*	*X*
碳水化合物	*X*	*X*
钠	*X*	*X*

第四步：根据修约后的能量、营养成分数值和营养素参考值，计算 NRV%，并根据包装面积和设计要求，选择适当形式的营养成分表。

五、营养声称和营养成分功能声称

（一）关于营养声称

对食物营养特性的描述和声明，包括含量声称和比较声称。营养声称必须满足本标准附录 C 规定。

（二）关于含量声称

本标准的含量声称是指描述食品中能量或营养成分含量水平的声称，如“含有”、“高”、“低”或“无”等声称用语。附录 C 中表 C.1 列出的营养成分均可进行含量声称，并应符合相应要求。

（三）允许使用的含量声称用语

本标准附录 C 中表 C.2 规定了含量声称用语，包括标准语和同义语。对营养成分进行含量声称时，必须使用该表中规定的用语。

（四）允许声称“高”或“富含”蛋白质的情形

当食品中蛋白质含量≥12g/100g 或≥6g/100ml 或≥6g/420kJ 时，可以声称“高”蛋白或“富含”蛋白质。

（五）产品声称低乳糖时，如何标示乳糖含量

低乳糖声称适用于乳及乳制品。有两种标示方式：

1. 在碳水化合物下标示。

营养成分表

项目	每 100g	NRV%
能量	kJ	%
蛋白质	g	%
脂肪	g	%
碳水化合物	g	%
乳糖	g	
钠	mg	%

2. 用括弧标示。

营养成分表

项目	每 100g	NRV%
能量	kJ	%
蛋白质	g	%
脂肪	g	%
碳水化合物（乳糖）	g	%
钠	mg	%

注：该表述方式仅适用于乳及乳制品。

（六）如何判定含量声称是否合格

判断食品中能量和营养成分的含量声称是否合格时，应以标签营养成分表中能量和营养成分的含量标示值为准，即核查含量标示值是否符合标准中含量声称的要求；而判断含量标示值是否正确，则需核查标示值是否在标准规定的允许误差范围内。

（七）需冲调后食用的食品如何标示

需冲调后食用的预包装食品，如奶粉、固体饮料等，在标示营养素含量或进行营养声称时可选择按冲调前或冲调后的食品状态标示，也可两种状态同时标示。若两种状态同时标示，计算 NRV% 应选其一并注明。

（八）按“份”标示营养成分含量时，可否按“份”进行含量声称

不可以。企业可以用“份”标示营养成分含量，但对营养成分进行含量声称时，应满足相应每100g或每100mL的含量要求。同时，由于按“份”标示时，标示值会经过多次修约，因此建议不能仅以简单的倒推方式判断其是否符合含量声称要求。

（九）关于原料、产品特性及生产工艺的描述

对原料特性和生产工艺的描述不属于营养声称，如脱盐乳清粉等，其描述应符合相应法律、法规或标准的要求。

（十）关于比较声称

指与消费者熟知的同类食品的能量值或营养成分含量进行比较之后的声称，如“增加”、“减少”等。比较声称的条件是能量值或营养成分含量与参考食品的差异≥25%。

比较声称用语分为“增加”和“减少”两类，可根据食品特点选择相应的同义语，见本标准附录C中表C.4。

（十一）关于比较声称的参考食品

参考食品是指消费者熟知的、容易理解的同类或同一属类食品。选择参考食品应考虑以下要求：

1. 与被比较的食品是同组（或同类）或类似的食品；

2. 大众熟悉，存在形式可被容易、清楚地识别；

3. 被比较的成分可以代表同组（或同类）或类似食品的基础水平，而不是人工加入或减少了某一成分含量的食品。例如：不能以脱脂牛奶为参考食品，比较其他牛奶的脂肪含量高低。

（十二）关于含量声称与比较声称的区别

含量声称和比较声称都是表示食品营养素特点的方式，其差别为：

1. 声称依据不同。含量声称是根据规定的含量要求进行声称，比较声称是根据参考食品进行声称；

2. 声称用语不同。含量声称用“含有”“低”“高”等用语；比较声称用“减少”“增加”等用语。

（十三）关于比较声称和含量声称的选择

一般来说，当产品营养素含量条件符合含量声称要求时，可以首先选择含量声称。因为含量声称的条件和要求明确，更加容易使用和理解。当产品不能满足含量声称条件，或者参考食品被广大消费者熟知，用比较声称更能说明营养特点的时候，可以用比较声称。

（十四）关于营养成分功能声称

营养成分功能声称指某营养成分可以维持人体正常生长、发育和正常生理功能等作用的声称。同一产品可以同时对两个及以上符合要求的成分进行功能声称。

本标准规定，只有当能量或营养成分含量符合附录C营养声称的要求和条件时，才可根据食品的营养特性，选用附录D中相应的一条或多条功能声称标准用语。例如：只有当食品中的钙含量满足“钙来源”、“高钙”或“增加钙”等条件和要求后，才能标示“钙有助于骨骼和牙齿的发育”等功能声称用语。

（十五）关于营养成分功能声称标准用语

营养成分功能声称标准用语不得删改、添加和合并，更不能任意编写。例如，如果产品声称高钙，可选择本标准中给出的1条或多条功能声称用语，但不能删改、添加和合并。如同时使用钙的两条功能声称用语，正确的使用方法举例如下：

1. 钙是骨骼和牙齿的主要成分，并维持骨骼密度。钙有助于骨骼和牙齿更坚固。

2. 钙是人体骨骼和牙齿的主要组成成分，许多生理功能也需要钙的参与。钙有助于骨骼和牙齿的发育。

使用营养成分功能声称用语，必须同时在营养成分表中标示该营养成分的含量及占NRV的百分比，并满足营养声称的条件和要求。

（十六）关于功能声称应满足的条件

以蛋白质功能声称为例，首先应满足蛋白质的营养声称要求，即满足含量声称或比较声称的条件之一，才能进行蛋白质的功能声称，如表4。

表4　蛋白质的功能声称用语及条件

可选用的功能声称用语	产品需满足条件
•蛋白质是人体的主要构成物质并提供多种氨基酸 •蛋白质是人体生命活动中必需的重要物质，有助于组织的形成和生长 •蛋白质有助于构成或修复人体组织 •蛋白质有助于组织的形成和生长 •蛋白质是组织形成和生长的主要营养素	**含量声称**的条件：含量≥6g/100g或≥3g/100mL或≥3g/420kJ。 **比较声称**的条件：与参考食品相比，蛋白质含量增加或减少25%以上

六、营养标签的格式

（一）关于食品营养标签的格式

为了规范食品营养标签标示，便于消费者记忆和比较，本标准附录B中推荐了6种基本格式。在保证符合基本格式要求和确保不对消费者造成误导的基础上，企业在版面设计时可进行适当调整，包括但不限于：因美观要求或为便于消费者观察而调整文字格式（左对齐、居中等）、背景和表格颜色或适当增加内框线等。

（二）关于强制标示能量和核心营养素（1+4）的基本格式

举例如下：

营养成分表

项目	每 100 克	营养素参考值 %
能量	1841 千焦	22%
蛋白质	5.0 克	8%
脂肪	20.8 克	35%
碳水化合物	58.2 克	19%
钠	25 毫克	1%

（三）关于标示营养声称和营养成分功能声称的位置

营养声称、营养成分功能声称可以在标签的任意位置标示，其字号不得大于食品名称和商标。

（四）关于营养成分的标示顺序

营养成分的标示顺序按照本标准表 1 的顺序标示。当不标示某些营养成分时，后面的成分依序上移。

不能按照营养素含量高低或重要性随意调整营养素排列顺序。

（五）关于横排格式的营养标签

根据标签的形状，企业可以选用横排（水平）格式标示，将营养成分分为两列或两列以上的形式。能量和营养成分可从左到右从上到下排列，也可从上到下从左到右排列。

（六）关于文字格式的营养标签

文字格式或非表格形式标示营养信息，允许不用营养素参考值（NRV%）阐释，但必须遵循本标准规定的能量和营养成分的标示名称、顺序和表达单位。

七、其他

（一）实施日期

营养标签标准已于 2013 年 1 月 1 日实施。在实施日期后生产的食品，应当按照标准要求标示营养标签。在实施日期前生产的食品，可在食品保质期内继续销售至保质期结束。

（二）关于营养标签标准咨询

食品生产企业在实施营养标签标准过程中，如有任何疑问，可向当地省级卫生行政部门咨询，各有关单位依据政务信息公开要求解答咨询问题。任何单位或个人对本标准有意见和建议，可向当地卫生行政部门反映。

（三）关于进口预包装食品的营养标签

进口预包装食品可以采用“加贴”等方式标注营养标签，并符合我国营养标签标准的要求和国家相关规定。

中华人民共和国国家标准

GB 13432—2013

食品安全国家标准
预包装特殊膳食用食品标签

2013-12-26 发布　　2015-07-01 实施

中华人民共和国
国家卫生和计划生育委员会　发布

前　言

本标准代替 GB 13432—2004《预包装特殊膳食用食品标签通则》。

本标准与 GB 13432—2004 相比，主要变化如下：

——修改了标准名称；

——修改了特殊膳食用食品的定义，明确了其包含的食品类别（范围）；

——修改了基本要求；

——修改了强制标示内容的部分要求；

——合并了允许标示内容和推荐标示内容，修改为可选择标示内容；

——修改了能量和营养成分的含量声称要求；

——删除了能量和营养成分的比较声称；

——修改了能量和营养成分的功能声称用语；

——删除了原标准附录 A；

——增加了附录 A 特殊膳食用食品的类别。

食品安全国家标准
预包装特殊膳食用食品标签

1 范围

本标准适用于预包装特殊膳食用食品的标签（含营养标签）。

2 术语和定义

GB 7718 中规定的以及下列术语和定义适用于本标准。

2.1 特殊膳食用食品

为满足特殊的身体或生理状况和（或）满足疾病、紊乱等状态下的特殊膳食需求，专门加工或配方的食品。这类食品的营养素和（或）其他营养成分的含量与可类比的普通食品有显著不同。

特殊膳食用食品所包含的食品类别见附录 A。

2.2 营养素

食物中具有特定生理作用，能维持机体生长、发育、活动、繁殖以及正常代谢所需的物质，包括蛋白质、脂肪、碳水化合物、矿物质及维生素等。

2.3 营养成分

食物中的营养素和除营养素以外的具有营养和（或）生理功能的其他食物成分。

2.4 推荐摄入量

可以满足某一特定性别、年龄及生理状况群体中绝大多数个体需要的营养素摄入水平。

2.5 适宜摄入量

营养素的一个安全摄入水平。是通过观察或实验获得的健康人群某种营养素的摄入量。

3　基本要求

预包装特殊膳食用食品的标签应符合 GB 7718 规定的基本要求的内容，还应符合以下要求：

——不应涉及疾病预防、治疗功能；

——应符合预包装特殊膳食用食品相应产品标准中标签、说明书的有关规定；

——不应对 0～6 月龄婴儿配方食品中的必需成分进行含量声称和功能声称。

4　强制标示内容

4.1　一般要求

预包装特殊膳食用食品标签的标示内容应符合 GB 7718 中相应条款的要求。

4.2　食品名称

只有符合 2.1 定义的食品才可以在名称中使用“特殊膳食用食品”或相应的描述产品特殊性的名称。

4.3　能量和营养成分的标示

4.3.1　应以“方框表”的形式标示能量、蛋白质、脂肪、碳水化合物和钠，以及相应产品标准中要求的其他营养成分及其含量。方框可为任意尺寸，并与包装的基线垂直，表题为“营养成分表”。如果产品根据相关法规或标准，添加了可选择性成分或强化了某些物质，则还应标示这些成分及其含量。

4.3.2　预包装特殊膳食用食品中能量和营养成分的含量应以每 100g（克）和（或）每 100mL（毫升）和（或）每份食品可食部中的具体数值来标示。当用份标示时，应标明每份食品的量，份的大小可根据食品的特点或推荐量规定。如有必要或相应产品标准中另有要求的，还应标示出每 100kJ（千焦）产品中各营养成分的含量。

4.3.3　能量或营养成分的标示数值可通过产品检测或原料计算获得。在产品保质期内，能量和营养成分的实际含量不应低于标示值的 80%，并应符合相应产品标准的要求。

4.3.4　当预包装特殊膳食用食品中的蛋白质由水解蛋白质或氨基酸提供时，“蛋白质”项可用“蛋白质”、“蛋白质（等同物）”或“氨基酸总量”任意一种方式来标示。

4.4　食用方法和适宜人群

4.4.1　应标示预包装特殊膳食用食品的食用方法、每日或每餐食用量，必要时应标示调配方法或复水再制方法。

4.4.2 应标示预包装特殊膳食用食品的适宜人群。对于特殊医学用途婴儿配方食品和特殊医学用途配方食品，适宜人群按产品标准要求标示。

4.5 贮存条件

4.5.1 应在标签上标明预包装特殊膳食用食品的贮存条件，必要时应标明开封后的贮存条件。

4.5.2 如果开封后的预包装特殊膳食用食品不宜贮存或不宜在原包装容器内贮存，应向消费者特别提示。

4.6 标示内容的豁免

当预包装特殊膳食用食品包装物或包装容器的最大表面面积小于 $10cm^2$ 时，可只标示产品名称、净含量、生产者（或经销者）的名称和地址、生产日期和保质期。

5 可选择标示内容

5.1 能量和营养成分占推荐摄入量或适宜摄入量的质量百分比

在标示能量值和营养成分含量值的同时，可依据适宜人群，标示每 100g（克）和（或）每 100mL（毫升）和（或）每份食品中的能量和营养成分含量占《中国居民膳食营养素参考摄入量》中的推荐摄入量（RNI）或适宜摄入量（AI）的质量百分比。无推荐摄入量（RNI）或适宜摄入量（AI）的营养成分，可不标示质量百分比，或者用“－”等方式标示。

5.2 能量和营养成分的含量声称

5.2.1 能量或营养成分在产品中的含量达到相应产品标准的最小值或允许强化的最低值时，可进行含量声称。

5.2.2 某营养成分在产品标准中无最小值要求或无最低强化量要求的，应提供其他国家和（或）国际组织允许对该营养成分进行含量声称的依据。

5.2.3 含量声称用语包括“含有”、“提供”、“来源”、“含”、“有”等。

5.3 能量和营养成分的功能声称

5.3.1 符合含量声称要求的预包装特殊膳食用食品，可对能量和（或）营养成分进行功能声称。功能声称的用语应选择使用 GB 28050 中规定的功能声称标准用语。

5.3.2 对于 GB 28050 中没有列出功能声称标准用语的营养成分，应提供其他国家和（或）国际组织关于该物质功能声称用语的依据。

附 录 A

特殊膳食用食品的类别

特殊膳食用食品的类别主要包括：

a）婴幼儿配方食品：

1）婴儿配方食品；

2）较大婴儿和幼儿配方食品；

3）特殊医学用途婴儿配方食品；

b）婴幼儿辅助食品：

1）婴幼儿谷类辅助食品；

2）婴幼儿罐装辅助食品；

c）特殊医学用途配方食品（特殊医学用途婴儿配方食品涉及的品种除外）；

d）除上述类别外的其他特殊膳食用食品（包括辅食营养补充品、运动营养食品，以及其他具有相应国家标准的特殊膳食用食品）。

《预包装特殊膳食用食品标签》(GB 13432—2013)问答(修订版)

中华人民共和国国家卫生和计划生育委员会 2014－09－02

一、关于特殊膳食用食品

特殊膳食用食品是指为满足特殊的身体或生理状况和(或)满足疾病、紊乱等状态下的特殊膳食需求，专门加工或配方的食品，主要包括婴幼儿配方食品、婴幼儿辅助食品、特殊医学用途配方食品以及其他特殊膳食用食品。这类食品的适宜人群、营养素和(或)其他营养成分的含量要求等有一定特殊性，对其标签内容如能量和营养成分、食用方法、适宜人群的标示等有特殊要求。

二、《预包装特殊膳食用食品标签》修订目的和背景

《食品安全法》实施以来，我国发布实施了《预包装食品标签通则》(GB 7718—2011)和《预包装食品营养标签通则》(GB 28050—2011)等食品安全基础标准，以及《婴儿配方食品》(GB 10765—2010)、《较大婴儿和幼儿配方食品》(GB 10767—2010)、《特殊医学用途婴儿配方食品通则》(GB 25596—2010)、《特殊医学用途配方食品通则》(GB 29922—2013)等特殊膳食用食品产品标准。为确保特殊膳食用食品标签标准与现行特殊膳食用食品产品标准和相关标准相衔接，根据《食品安全法》和《食品安全国家标准管理办法》，我委组织修订了原《预包装特殊膳食用食品标签通则》(GB 13432—2004)(以下简称 GB 13432—2004)，新发布的《预装特殊膳食用食品标签》(GB 13432—2013)(以下简称 GB 13432—2013)将于 2015 年 7 月 1 日起施行。

三、标准的适用范围

GB 13432—2013 适用于预包装特殊膳食用食品的标签，包括营养标签。标准涵盖了对预包装特殊膳食用食品标签的一般要求，如食品名称、配料表、生产日期、保质期等，以及营养标签要求，包括营养成分表、营养成分含量声称和功能声称。标准明确了特殊膳食用食品的定义和分类，符合定义和分类的产品其标签标示应符合本标准的规定。

原 GB 13432—2004 中所列举的类别如“无糖速溶豆粉”、“强化铁高蛋白速溶豆粉”等属于对普通食品所做的营养声称，应符合《预包装食品标签通则》(GB 7718—

2011）和《预包装食品营养标签通则》（GB 28050—2011）规定，不适用于本标准。

四、与相关标准如何衔接

《预包装食品标签通则》（GB 7718—2011）规定了预包装食品（包括特殊膳食用食品）标签的基本标示要求。《预包装特殊膳食用食品标签》（GB 13432—2013）规定了特殊膳食用食品标签中具有特殊性的标识要求。预包装特殊膳食用食品标签应按照 GB 7718—2011 和 GB 13432—2013 执行。对于符合 GB 13432—2013 含量声称要求的预包装特殊膳食用食品，如果对能量和（或）营养成分进行功能声称，其功能声称用语应选择《预包装食品营养标签通则》（GB 28050—2011）中规定的功能声称标准用语。

五、标准修订原则

标准修订遵循以下原则：一是以原《预包装特殊膳食用食品标签通则》（GB 13432—2004）执行情况为基础，根据我国特殊膳食用食品产业发展实际，结合公众对特殊膳食用食品标签标识需求修订标准，提高标准的科学性和标签健康指导意义。二是注重与法律法规和其他食品及标签标准的衔接和配套，确保政策的连贯性和稳定性。三是借鉴国际组织和其他国家管理经验，完善特殊膳食用食品标准标签要求，满足消费者的知情权和选择权，便于特殊膳食用食品的国际贸易。

六、标准修订的主要过程

按照《食品安全法》和《食品安全国家标准管理办法》规定，遵循广泛征求意见、过程公开透明的原则，标准起草组调研了我国特殊膳食用食品标签的现状，多次组织研讨会和专家咨询会议，充分听取相关政府部门、科研机构、行业协会等各方面意见，按照程序向社会公开征求意见和向世贸组织成员通报，根据反馈意见和评议意见修改完善标准文本。该标准草案经第一届食品安全国家标准审评委员会第八次主任会议审查通过。

七、国外特殊膳食用食品标签标准情况

国际组织和许多国家对特殊膳食用食品标签均有相关规定。国际食品法典委员会（CAC）制定了《预包装特殊膳食用食品标签和声称通用标准》（CEDEX STAN 146），还单独对特殊医学用途食品制定了《特殊医学用途食品标签和声称标准》（CEDEX STAN 180）。美国、欧盟、澳大利亚、新西兰等许多国家和地区对特殊膳食用食品的标签也有相关规定。

八、标准修订的主要内容

GB 13432—2013 与 GB 13432—2004 相比，主要修订以下内容：

1. 修改了特殊膳食用食品的定义，明确其包含的食品类别，明确了标准适用范围。

2. 参照国际标准，增加不应对 0~6 月龄婴儿配方食品中的必需成分进行含量声称和功能声称的基本要求。

3. 修改了能量和营养成分的标示方式和允许误差范围等要求。

4. 合并了允许标示内容和推荐标示内容。

5. 修改了能量和营养成分的含量声称要求和功能声称用语，并根据国际惯例，删除能量和营养成分的比较声称。

九、关于不应涉及疾病预防、治疗功能等内容

《食品安全法》明确规定：食品、食品添加剂的标签、说明书不得涉及疾病预防、治疗功能。特殊膳食用食品作为食品的一个类别，虽然其产品配方设计有明确的针对性，但其目的是为目标人群提供营养支持，不具有预防疾病、治疗等功能，因此 GB 13432—2013 明确要求特殊膳食用食品标签不应涉及疾病预防、治疗功能。

十、关于能量和营养成分的标示

能量和营养成分的含量是特殊膳食用食品与普通食品区别的主要特征，其含量标示是特殊膳食用食品标签上最重要的部分之一。特殊膳食用食品的能量和营养成分的含量应符合相应产品标准的要求，并应在标签上如实标示。

以婴儿配方食品为例，产品标签中除应标示能量、蛋白质、脂肪、碳水化合物和钠的含量外，还应标示《婴儿配方食品》（GB 10765—2010）中规定的必需成分的含量。如果婴儿配方产品依据 GB 10765—2010 或《食品营养强化剂使用标准》（GB 14880—2012）以及卫生计生委和 / 或原卫生部有关公告，添加了可选择性成分或强化了某些物质，则还应标示这些成分及其含量。

GB 10765—2010 中脚注部分及营养素比值的要求（如亚油酸与 α-亚麻酸比值、钙磷比值、乳基婴儿配方食品中乳清蛋白含量的比例、脂肪中月桂酸和肉豆蔻酸总量占总脂肪酸的比例、乳糖占碳水化合物总量的比例等）不要求强制标示，企业可以自愿选择是否标示。

GB 13432—2013 对能量和营养成分标示的名称、顺序、单位、修约间隔等不作强制要求，企业应在参考相关标准的基础上真实、客观标示。

十一、关于营养成分表中能量和营养成分的标示方式

GB 13432—2013 修订过程中，起草组开展了市场调研，考虑国内产品标签实际情况，借鉴国际通行做法，仅允许用“具体数值”的形式标示能量和营养成分含量，同时规定允许误差为不低于标示值的 80%，并符合相应产品标准的要求。不再使用原 GB13432－2004 中“范围值”、“最低值或最高值”等标示方式。

十二、反式脂肪酸是否强制标示

《婴儿配方食品》（GB 10765—2010）等特殊膳食用食品的产品标准中明确要

求不应使用氢化油脂且规定了反式脂肪酸限量，上述产品应执行产品标准规定。GB 13432—2013 不要求强制标示反式脂肪酸的含量，企业可以自愿选择是否标示。

十三、关于能量和营养成分的含量声称

GB 13432—2013 修订过程中，参考国际管理经验并根据产品特点确定了能量和营养成分含量声称的要求。根据产品标准要求进行的产品特性说明，如《特殊医学用途婴儿配方食品通则》（GB 25596—2010）中规定的“无乳糖配方”、“低乳糖配方”等，应遵循产品标准的相关要求。

当营养成分在产品标准、《食品营养强化剂使用标准》（GB 14880—2012）及相关公告中无最小值要求或无最低强化量要求时，应提供其他国家和（或）国际组织允许对该营养成分在特殊膳食用食品中进行含量声称的依据，并应符合其法规的条件和要求。在部分国家的特殊膳食用食品标签上使用但无明确法规依据的含量声称不作为参考依据。

为指导企业正确标示，以下收集整理了国内外关于特殊膳食用食品的含量声称要求、声称用语及法规依据（表 1）。

表 1 允许使用的含量声称

营养物质	含量声称用语	含量要求	可使用的产品类别
二十二碳六烯酸（DHA）	含有	≥总脂肪酸含量的 0.2%	婴儿配方食品特殊医学用途婴儿配方食品
牛磺酸	含有	≥0.8mg/100kJ	婴儿配方食品特殊医学用途婴儿配方食品
低聚半乳糖 低聚果糖 多聚果糖 棉子糖	含有膳食纤维或单体名称	其单体或混合物的含量≥3g/100g（固态或粉状） ≥1.5g/100mL（液态） 或≥1.5g/420kJ	婴幼儿配方食品婴幼儿谷类辅助食品

注：上述声称用语同义语有：提供、来源、含、有。

参考依据：

1.COMMISSION DIRECTIVE 2006/141/EC of 22 December 2006 on infant formulae and follow-on formulae and amending Directive 1999/21/EC,Annex Ⅳ:1. NUTRITION CLAIMS.（欧盟指令 2006/141/EC，婴儿配方食品和较大婴儿配方食品，附录四：1. 营养声称）

2.FOOD Standard Australia New Zealand，STANDARD 2.9.1 Infant Formula Products, Division 1：7.Permitted nutritive substances.（澳新标准 2.9.1，婴儿配方食品，第一部分：7. 允许的营养物质）

3.《预包装食品营养标签通则》(GB 28050—2011) 附录 C.

十四、关于能量和营养成分的比较声称

特殊膳食用食品针对不同的适用对象有不同的配方，其能量和营养成分的含量在产品标准中已有明确要求，没有必要设置比较声称，因此，GB 13432—2013 未设置比较声称规定。

十五、关于能量和营养成分的功能声称

根据国际管理经验，与营养标签标准相衔接，GB 13432—2013 规定符合本标准含量声称要求的营养成分可以进行功能声称，并应选择《预包装食品营养标签通则》(GB 28050—2011) 中的功能声称标准用语。对于 GB 28050—2011 中没有列出的功能声称，应提供其他国家和（或）国际组织允许在特殊膳食用食品中使用的功能声称用语及依据，并应符合其法规的条件和要求。在部分国家的特殊膳食用食品标签上使用但无明确法规依据的功能声称不作为参考依据。

为指导企业正确标示，以下收集整理了国内外允许用于特殊膳食用食品的功能声称及其依据 (表 2)。

表 2　允许使用的功能声称

营养物质	功能声称用语	含量要求	可使用的产品类别
二十二碳六烯酸 (DHA)	二十二碳六烯酸 (DHA) 有助于婴儿视力的正常发育	≥总脂肪酸含量的 0.3%	较大婴儿配方食品
低聚半乳糖 低聚果糖 多聚果糖 棉子糖	1. 膳食纤维有助于维持正常的肠道功能。 2. 膳食纤维是低能量物质	其单体或混合物的含量≥3g/100g（固态或粉状）≥1.5g/100mL（液态）或≥1.5g/420kJ	婴幼儿配方食品婴幼儿谷类辅助食品
聚葡萄糖	1. 膳食纤维有助于维持正常的肠道功能。 2. 膳食纤维是低能量物质	达到允许强化的最低值	婴幼儿配方食品
酵母 β - 葡聚糖	1. 膳食纤维有助于维持正常的肠道功能。 2. 膳食纤维是低能量物质	达到允许强化的最低值	幼儿配方粉

参考依据：

1.Commission Regulation (EU) No 440/2011 of 6 May 2011 on the authorisation and refusal of authorisation of certain health claims made on foods and referring to children’s development and health，ANNEX I：Permitted health claims.（欧盟法规 No 440/2011，批准及拒绝批准的食品中涉及儿童发育和健康的健康声称，附录一：允许的健康声称）

2.《预包装食品营养标签通则》(GB 28050—2011) 附录 D.

十六、关于0~6月龄婴儿配方食品中的必需成分的含量声称和功能声称

我国食品安全国家标准对0~6个月婴儿配方食品中必需成分的含量值有明确规定，婴儿配方食品必须符合标准规定的含量要求。由于0~6月龄婴儿需要全面、平衡的营养，不应对其必需成分进行声称。本规定与国际食品法典委员会（CAC）标准和大多数国家的相关规定一致。

十七、关于特殊医学用途配方食品（包括特殊医学用途婴儿配方食品）配方特点和营养学特征的描述

由于特殊医学用途配方食品和特殊医学用途婴儿配方食品的产品配方和目标人群具有特殊性，这类产品要求在产品标签上对产品配方特点和营养学特征进行描述，以利于临床指导和使用。此类描述不属于对能量和营养成分的含量声称或功能声称，应参照相应产品标准规定执行，应真实、客观、不误导。

十八、关于由水解蛋白质或氨基酸提供的蛋白质如何标示

当特殊医学用途配方食品、特殊医学用途婴儿配方食品中的蛋白质是由水解蛋白质和（或）氨基酸提供时，如乳蛋白深度水解配方或氨基酸配方等，产品中不含有或含有很少量的整蛋白，因此“蛋白质”项可用“蛋白质”、“蛋白质（等同物）”或“氨基酸总量”任意一种方式标示。GB 13432—2013不强制要求标示配方中氨基酸的种类和含量。

十九、关于食用方法的标示

特殊膳食用食品标签上应该标示食用方法、每日或每餐食用量，以指导消费者合理使用。其中，特殊医学用途配方食品（包括特殊医学用途婴儿配方食品）的食用方法需要医生或临床营养师根据消费者个体情况或医学状况的不同阶段进行调整，此类产品的食用方法可标示为“每日或每餐食用量参照医生或者临床营养师的指导”或类似用语。

二十、关于标准的实施日期

本标准将于2015年7月1日正式实施，实施日期前允许并鼓励食品生产经营企业执行GB 13432—2013规定；本标准实施后，企业应当严格按照标准规定执行。在实施日期之前生产的食品，可在食品保质期内继续销售至保质期结束。

中华人民共和国国家标准

GB 29924—2013

食品安全国家标准
食品添加剂标识通则

2013-11-29 发布　　　　2015-06-01 实施

中华人民共和国
国家卫生和计划生育委员会　发布

食品安全国家标准
食品添加剂标识通则

1 范围

本标准适用于食品添加剂的标识。食品营养强化剂的标识参照本标准使用。

本标准不适用于为食品添加剂在储藏运输过程中提供保护的储运包装标签的标识。

2 术语和定义

2.1 标签

食品添加剂包装上的文字、图形、符号等一切说明。

2.2 说明书

销售食品添加剂产品时所提供的除标签以外的说明材料。

2.3 生产日期（制造日期）

食品添加剂成为最终产品的日期，即将食品添加剂装入（灌入）包装物或容器中，形成最终销售单元的日期。

2.4 保质期

食品添加剂在标识指明的贮存条件下，保持品质的期限。

2.5 规格

同一包装内含有多件食品添加剂时，对净含量和内含件数关系的表述。

3 食品添加剂标识基本要求

3.1 应符合国家法律、法规的规定，并符合相应产品标准的规定。

3.2 应清晰、醒目、持久，易于辨认和识读。

3.3 应真实、准确，不应以虚假、夸大、使食品添加剂使用者误解或欺骗性的文字、

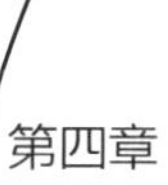

图形等方式介绍食品添加剂，也不应利用字号大小或色差误导食品添加剂使用者。

3.4 不应采用违反 GB 2760 中食品添加剂使用原则的语言文字介绍食品添加剂；不应以直接或间接暗示性的语言、图形、符号，误导食品添加剂的使用。

3.5 不应以直接或间接暗示性的语言、图形、符号，导致食品添加剂使用者将购买的食品添加剂或食品添加剂的某一功能与另一产品混淆，不含贬低其他产品（包括其他食品和食品添加剂）的内容。

3.6 不应标注或者暗示具有预防、治疗疾病作用的内容。

3.7 食品添加剂标识的文字要求应符合 GB 7718—2011《食品安全国家标准 预包装食品标签通则》中 3.8～3.9 的规定。

3.8 多重包装的食品添加剂标签的标示形式应符合 GB 7718—2011 中 3.10～3.11 的规定。

3.9 如果食品添加剂标签内容涵盖了本标准规定应标示的所有内容，可以不随附说明书。

4 提供给生产经营者的食品添加剂标识内容及要求

4.1 名称

4.1.1 应在食品添加剂标签的醒目位置，清晰地标示“食品添加剂”字样。

4.1.2 单一品种食品添加剂应按 GB 2760、食品添加剂的产品质量规格标准和国家主管部门批准使用的食品添加剂中规定的名称标示食品添加剂的中文名称。若 GB 2760、食品添加剂的产品质量规格标准和国家主管部门批准使用的食品添加剂中已规定了某食品添加剂的一个或几个名称时，应选用其中的一个。

4.1.3 复配食品添加剂的名称应符合 GB 26687—2011 中第 3 章命名原则的规定。

4.1.4 食品用香料需列出 GB 2760 和国家主管部门批准使用的食品添加剂中规定的中文名称，可以使用“天然”或“合成”定性说明。

4.1.5 食品用香精应使用与所标示产品的香气、香味、生产工艺等相适应的名称和型号，且不应造成误解或混淆，应明确标示“食品用香精”字样。

4.1.6 除了标示上述名称外，可以选择标示“中文名称对应的英文名称或英文缩写”、“音译名称”、“商标名称”、“INS 号”、“CNS 号”、GB2760 中的香料“编码”“FEMA 编号”等。

食品用香精还可在食品用香精名称前或名称后附加相应的词或短语，如水溶性香精、油溶性香精、拌和型粉末香精、微胶囊粉末香精、乳化香精、浆（膏）状香精和咸味香精等，但应在所示名称的同一展示版面标示 4.1.2～4.1.5 规定的名称，且字号不能大于 4.1.2 ~ 4.1.5 规定的名称的字样。

4.2 成分或配料表

4.2.1 除食品用香精以外的食品添加剂成分或配料表的标示要求

4.2.1.1 按 GB 2760、食品添加剂的产品质量规格标准和国家主管部门批准使用的食品添加剂中规定的名称列出各单一品种食品添加剂名称。配料表应该根据每种食品添加剂含量递减顺序排列。

4.2.1.2 如果单一品种或复配食品添加剂中含有辅料，辅料应列在各单一品种食品添加剂之后，并按辅料含量递减顺序排列。

4.2.2 食品用香精的成分或配料表的标示要求

4.2.2.1 食品用香精中的食品用香料应以“食品用香料”字样标示，不必标示具体名称。

4.2.2.2 在食品用香精制造或加工过程中加入的食品用香精辅料用“食品用香精辅料”字样标示。

4.2.2.3 在食品用香精中加入的甜味剂、着色剂、咖啡因等食品添加剂应按 GB 2760、食品添加剂的产品质量规格标准和国家主管部门批准使用的食品添加剂中的规定标示具体名称。

4.3 使用范围、用量和使用方法

应在 GB 2760 及国家主管部门批准使用的食品添加剂的范围内选择标示食品添加剂使用范围和用量，并标示使用方法。

4.4 日期标示

4.4.1 应清晰标示食品添加剂的生产日期和保质期。如日期标示采用“见包装物某部位”的形式，应标示所在包装物的具体部位。日期标示不得另外加贴、补印或篡改。

4.4.2 当同一包装内含有多个标示了生产日期及保质期的单件食品添加剂时，外包装上标示的保质期应按最早到期的单件食品添加剂的保质期计算。外包装上标示的生产日期可为最早生产的单件食品添加剂的生产日期，或外包装形成销售单元的日期；也可在外包装上分别标示各单件装食品添加剂的生产日期和保质期。

4.4.3 可按年、月、日的顺序标示日期，如果不按此顺序标示，应注明日期标示顺序。

4.5 贮存条件

应标示食品添加剂的贮存条件。

4.6 净含量和规格

4.6.1 净含量的标示应由净含量、数字和法定计量单位组成。

4.6.2 应依据法定计量单位，按以下方式标示包装物（容器）中食品添加剂的净含量和规格：

a）液态食品添加剂，用体积升（L或l）、毫升（mL或ml），或用质量克（g）、千克（kg）；

b）固态食品添加剂，除片剂形式以外，用质量克（g）、千克（kg）；

c）半固态或黏性食品添加剂，用体积升（L或l）、毫升（mL或ml），或用质量克（g）、千克（kg）；

d）片剂形式的食品添加剂，用质量克（g）、千克（kg）和包装中的总片数。

4.6.3 同一包装内含有多个单件食品添加剂时，大包装在标示净含量的同时还应标示规格。规格的标示应由单件食品添加剂净含量和件数组成，或只标示件数，可不标示“规格”二字。单件食品添加剂的规格即指净含量。

4.7 制造者或经销者的名称和地址

4.7.1 应当标注生产者的名称、地址和联系方式。生产者名称和地址应当是依法登记注册、能够承担产品安全质量责任的生产者的名称、地址。有下列情形之一的，应按下列要求予以标示：

a）依法独立承担法律责任的集团公司、集团公司的子公司，应标示各自的名称和地址；

b）不能依法独立承担法律责任的集团公司的分公司或集团公司的生产基地，可标示集团公司和分公司（生产基地）的名称、地址；或仅标示集团公司的名称、地址及产地，产地应当按照行政区划标注到地市级地域；

c）受其他单位委托加工食品添加剂的，可标示委托单位和受委托单位的名称和地址；或仅标示委托单位的名称和地址及产地，产地应当按照行政区划标注到地市级地域。

4.7.2 依法承担法律责任的生产者或经销者的联系方式可标示以下至少一项内容：电话、传真、网络联系方式等，或与地址一并标示的邮政地址。

4.7.3 进口食品添加剂应标示原产国国名或地区区名，以及在中国依法登记注册的代理商、进口商或经销者的名称、地址和联系方式，可不标示生产者的名称、地址和联系方式。

4.8 产品标准代号

国内生产并在国内销售的食品添加剂（不包括进口食品添加剂）应标示产品所执行的标准代号和顺序号。

4.9 生产许可证编号

国内生产并在国内销售的属于实施生产许可证管理范围之内的食品添加剂（不包括进口食品添加剂）应标示有效的食品添加剂生产许可证编号，标示形式按照相关规定执行。

4.10 警示标识

有特殊使用要求的食品添加剂应有警示标识。

4.11 辐照食品添加剂

4.11.1 经电离辐射线或电离能量处理过的食品添加剂，应在食品添加剂名称附近标明“辐照”。

4.11.2 经电离辐射线或电离能量处理过的任何配料，应在配料表中标明。

4.12 标签和说明书

4.12.1 标签应按 4.1、4.4、4.5、4.6、4.7、4.9 的要求至少标示“食品添加剂”字样、食品添加剂名称、规格、净含量、生产日期、保质期、贮存条件、生产者的名称和地址以及生产许可证编号。第 4 章中 4.2、4.3、4.8、4.10、4.11 应按本标准要求在标签或说明书中注明。

4.12.2 若有说明书，应在食品添加剂交货时提供说明书。

5 提供给消费者直接使用的食品添加剂标识内容及要求

5.1 标签应按照 4.1～4.11 的要求标识，并注明“零售”字样。

5.2 复配食品添加剂还应在配料表中标明各单一食品添加剂品种及含量。

5.3 含有辅料的单一品种食品添加剂，还应标明除辅料以外的食品添加剂品种的含量。

卫生部等6部局关于含库拉索芦荟凝胶食品标识规定的公告

2009年第1号

为规范含库拉索芦荟凝胶食品的标识，保护消费者的健康权益，根据《食品卫生法》和《新资源食品管理方法》的相关要求，对含库拉索芦荟凝胶食品的标识作出规定。现公告如下：

一、芦荟产品中仅有库拉索芦荟凝胶可用于食品生产加工。新资源食品库拉索芦荟凝胶来源于库拉索芦荟叶片的可食用部位凝胶肉，是以库拉索芦荟叶片为原料，经沥醌清洗、去皮、漂烫、杀菌等步骤制成的无色透明至乳白色凝胶，可用于各类食品，每日食用量应不大于30克。但是，孕妇、婴幼儿不宜食用。

二、添加库拉索芦荟凝胶的食品必须标注“本品添加芦荟，孕妇与婴幼儿慎用”字样，并应当在配料表中标注“库拉索芦荟凝胶”。

三、添加库拉索芦荟凝胶的食品包装主视页面或食品名称可选择仅标注“芦荟”字样，标识内容不应误导消费者。

四、企业应在企业标准中对添加库拉索芦荟凝胶的食品的每日食用量作出规定。若无法确保消费者芦荟日摄入量在安全范围内，应在包装上标注每日食用量警示语。

五、含芦荟的保健食品应当按照保健食品相关规定进行管理。

自2009年9月1日起，生产和市场销售的含库拉索芦荟凝胶的食品应当符合上述规定。

特此公告。

卫生部　工业和信息化部
农业部　国家工商行政管理总局
国家质量监督检验检疫总局　国家食品药品监督管理局

二〇〇九年二月六日

关于肉脯中原辅料问题咨询的解释函

广东真美食品集团有限公司：

贵公司关于咨询肉脯中原辅料相关问题的函收悉，现就函中提出的问题回复如下：

一、你公司在标签中明示了肉脯的原料、辅料、调料，符合 GB7718 的规定，是对消费者负责的表现。

二、SB/T 10283—2007《肉脯》行业标准中 5.1 和 5.2 中规定的原辅料系指该产品的主要原辅料，并不代表该产品的配料表，企业在生产制作肉脯时，可以增删，并不是掺杂、掺假的行为。

三、衡量产品合格与否，以标准规定的感官指标、理化指标、微生物指标、净含量和标签为产品质量界定的依据。

全国肉禽蛋制品标准化技术委员会

二零一四年十二月二日

关于食品安全国家标准咨询的回复函

上海市质量监督检验技术研究院食品化学品检验所：

《关于保质期标示问题的咨询函》已收悉。关于贵所咨询要求明确预包装食品保质期标示的有关事宜，研究意见如下：

1. 预包装食品标签的标示应符合《食品安全国家标准 预包装食品标签通则》（GB 7718—2011）的要求。

2.GB 7718—2011 的 2.5 条规定保质期是预包装食品在标签指明的贮存条件下保持品质的期限。在此期限内，产品完全适于销售，并保持标签中不必说明或已经说明的特有品质。GB 7718—2011 的 3.4 条要求预包装食品的标示内容应当真实、准确，不误导消费者。

3. 此外，日期标示还应符合 GB 7718—2011 的 4.1.7 和附录 C 中相应条目的具体要求。

4. 预包装食品标签标注的具体执行标准中关于保质期的要求请咨询相关单位予以解释。

欢迎浏览食品安全国家标准审评委员会秘书处网站，了解食品安全国家标准工作的最新信息。

网站地址：http://www.cfsa.net.cn

食品安全标准新浪微博地址：http://e.weibo.com/foodstd

食品安全标准腾讯微博地址：http://e.t.qq.com/foodstd

感谢您对食品安全标准工作的关注和支持！

食品安全国家标准审评委员会秘书处

二〇一五年四月三十日

关于重复使用玻璃瓶包装食品的营养标签标示问题的复函

中华人民共和国国家卫生和计划生育委员会 www.moh.gov.cn

中国饮料工业协会：

你协会《关于建议对重复使用玻璃瓶包装的饮料产品豁免标示食品营养标签的函》（中饮协[2013]34号）收悉。经研究，现回复如下：

对于重复使用玻璃瓶包装的食品，如无法在瓶身印刷信息，可按照《预包装食品营养标签通则》（GB 28050—2011）第7条款“包装总表面积小于100cm^{2}或最大表面面积小于20cm^{2}的食品”执行，免于标示营养标签。鼓励生产企业在上述食品的外包装箱或其包装箱内提供营养信息。

专此函复。

国家卫生和计划生育委员会办公厅

2013年5月15日

关于转发国家卫生计生委食品司关于预包装食品标签标示有关问题回复的函

食药监科便函（2014）90号

重庆市食品药品监督管理局：

现将《国家卫生计生委食品司关于预包装食品标签标示有关问题的复函》（国卫食品标便函［2014］208号）转发你局，供工作中参考。

附件：国家卫生计生委食品司关于预包装食品标签标示有关问题的复函

国家食品药品监督管理总局科技和标准司

2014年10月21日

附件：

国家卫生计生委食品司关于预包装食品标签标示有关问题的复函

国卫食品标便函［2014］208号

食品药品监管总局科技标准司：

你司《关于商请明确恒大冰泉（长白山天然矿泉水）产品标签标示相关问题的函》（食药监科便函［2014］80号）收悉。经研究，现回复如下。

根据《食品安全国家标准 预包装食品营养标签通则》（GB 28050—2011）规定，营养声称是指对食品营养特性的描述和声明，包括营养成分含量声称和比较声称。其中，含量声称是指描述食品中能量或营养成分含量水平的声称，声称用语包括“含有”、“高（或‘富含’）”、“低”、“无”等。预包装食品标签上标示“富含某营养成分”或类似用语属于营养声称范畴，应当按照GB 28050—2011要求标示。

专此函复。

国家卫生计生委食品司

2014年10月13日

食品药品监管总局办公厅关于袋装火腿肠等产品包装标识有关问题的复函

食药监办食监一函（2015）361号

中国肉类协会：

你会《关于袋装火腿肠等产品包装标识有关问题的请示》收悉。经研究，现函复如下：

依据《中华人民共和国食品安全法》规定，食品标签应当标注在食品包装或者包装容器上。我们同意你会就单支产品采用PVDC作为肠衣，通过组合形式包装的袋装火腿肠等产品提出的标签标注意见。即，生产企业可以将外包装袋作为袋装火腿肠等产品的最小销售单元，并按照相关法律法规和标准的规定标示食品的标签。

食品药品监管总局办公厅

2015年6月29日

关于转发液态奶产品标签标示有关问题的函

食药监科便函（2014）91号

食监一司、食监二司、食监三司、稽查局、应急司、中检院：

现将《国家卫生计生委食品司关于液态奶产品标签标示有关问题的复函》（国卫食品标便函［2014］207号）转发你单位，供工作中参考。

附件：国家卫生计生委食品司关于液态奶产品标签标示有关问题的复函

国家食品药品监督管理总局科技和标准司

2014年10月21日

附件：

国家卫生计生委食品司关于液态奶产品标签标示有关问题的复函

国卫食品标便函［2014］207号

中国乳制品工业协会：

你协会《关于液态奶产品标签标识有关问题的请示》（中乳协［2014］65号）收悉。经研究，现回复如下。

根据《食品安全国家标准 调制乳》（GB 25191—2010）和《食品安全国家标准 预包装食品标签通则》（GB 7718—2011）规定，调制乳是以不低于80%的生牛（羊）乳或复原乳为主要原料加工制成的液体产品，“调制乳”是该类液态奶产品的类别名称。调制乳产品可以根据产品特性使用“××奶”作为产品名称，并在产品标签上标示产品类别“调制乳”。涉及营养声称的标示内容应当符合《食品安全国家标准 预包装食品营养标签通则》（GB 28050—2011）规定。

专此函复。

国家卫生计生委食品司

2014年10月11日

卫生部办公厅关于味精归属及标识有关问题的复函

卫办监督函［2011］998号

质检总局办公厅：

你厅《关于商请明确味精归属问题及产品标识的函》（质检办食监函［2011］1136号）收悉。经研究，现答复如下：

味精（谷氨酸钠）是常用的调味品，也是列入《食品添加剂使用标准》（GB 2760—2011）的食品添加剂。味精（谷氨酸钠）作为调味品生产、经营时，其标签应当符合相应食品安全国家标准；如作为食品添加剂生产销售，其产品标签必须载明“食品添加剂”字样。

专此函复。

二〇一一年十一月一日

卫生部办公厅关于预包装饮料酒标签标识有关问题的复函

卫办监督函［2012］851号

质检总局办公厅：

你厅《关于请明确进口预包装饮料酒标签标注有关事宜的函》（质检办食函［2012］691号）收悉。经研究，现答复如下：

一、关于葡萄酒标签中二氧化硫的标识。根据《预包装食品标签通则》（GB 7718—2011）和《发酵酒及其配制酒》（GB 2758—2012）及其实施时间的规定，允许使用了食品添加剂二氧化硫的葡萄酒在2013年8月1日前在标签中标示为二氧化硫或微量二氧化硫；2013年8月1日以后生产、进口的使用食品添加剂二氧化硫的葡萄酒，应当标示为二氧化硫，或标示为微量二氧化硫及含量。

二、关于进口食品原产国或地区名称标识问题，根据《预包装食品标签通则》（GB 7718—2011）规定，进口预包装食品应当标示原产国国名或地区区名，是指食品成为最终产品的国家或地区名称，也包括包装（或灌装）国家或地区名称。进口预包装饮料酒中文标签应当如实准确标示原产国国名或地区区名。

专此函复。

卫生部办公厅

2012年9月20日

卫生部办公厅关于预包装食品标签标识有关问题的复函

卫办监督函［2013］36号

质检总局办公厅：

你厅《关于请明确蒸馏酒及其配制酒的标签中配料标注事宜的函》（质检办食函［2012］992号）和《关于请明确进口预包装食品质量等级标注要求的函》（质检办食函［2012］1066号）收悉。经研究，根据《预包装食品标签通则》（GB 7718—2011），现函复如下：

一、关于蒸馏酒及其配制酒配料中水的标示。除了生产加工过程中已经挥发的水，白兰地等蒸馏酒及其配制酒生产加工过程中加入的水应当在配料表中标示。

二、关于进口预包装食品质量（品质）等级的标示。进口预包装食品不强制标示相关产品标准代号和质量（品质）等级。如企业标示了产品标准代号和质量（品质）等级，应确保真实、准确。

专此函复。

卫生部办公厅

2013年1月15日

关于绿色食品标签标识有关问题的复函

卫办监督函［2013］140号

中国绿色食品发展中心：

你中心《关于绿色食品标签标注问题的请示》（中绿科［2012］118号）收悉。经研究，现答复如下：

根据《预包装食品标签通则》（GB 7718—2011）4.1.10规定，预包装食品（不包括进口预包装食品）应标示产品所执行的标准代号。标准代号是指预包装食品产品所执行的涉及产品质量、规格等内容的标准，可以是食品安全国家标准、食品安全地方标准、食品安全企业标准，或其他相关国家标准、行业标准、地方标准。按照《绿色食品标志管理办法》（农业部令2012年第6号）规定，企业在产品包装上使用绿色食品标志，即表明企业承诺该产品符合绿色食品标准。企业可以在包装上标示产品执行的绿色食品标准，也可以标示其生产中执行的其他标准。

专此函复。

卫生部办公厅　农业部办公厅

2013年2月16日

关于食品配料胶原蛋白肠衣标示问题的复函

卫办监督函［2013］285 号

河南省卫生厅：

你厅《关于请求界定食品安全标准有关问题的函》（豫卫函监督［2013］3 号）收悉。经研究，现函复如下：

胶原蛋白肠衣属于食品复合配料，已有相应的国家标准和行业标准。根据《预包装食品标签通则》（GB 7718—2011）4.1.3.1.3 的规定，对胶原蛋白肠衣加入量小于食品总量 25% 的肉制品，其标签上可不标示胶原蛋白肠衣的原始配料。

专此函复。

国家卫生和计划生育委员会办公厅

2013 年 4 月 12 日

关于食品中使用菌种标签标示有关问题的复函

卫办监督函［2013］367号

中国乳制品工业协会：

你协会《关于对婴幼儿食品中使用菌种标签标示的请示》（中乳协［2013］04号）收悉。经研究，现函复如下：

《卫生部办公厅关于印发〈可用于食品的菌种名单〉的通知》（卫办监督发［2010］65号）和原卫生部2011年第25号公告分别规定了可用于食品和婴幼儿食品的菌种名单。预包装食品中使用了上述菌种的，应当按照《预包装食品标签通则》（GB 7718—2011）的要求标注其菌种名称，企业可同时在预包装食品上标注相应菌株号及菌种含量。

专此函复。

国家卫生和计划生育委员会办公厅

2013年5月3日

关于食品中使用菌种标签标示实施时间的复函

卫办监督函［2013］419号

中国乳制品工业协会：

你协会《关于请求给予添加菌种婴幼儿配方食品标签改版过渡期的请示》（中乳协［2013］35号）收悉。经研究，现函复如下：

食品生产企业应当自2014年1月1日起，按照我委《关于食品中使用菌种标签标示有关问题的复函》（卫办监督函［2013］367号），在预包装食品标签上标示相关菌种。2014年1月1日前已生产销售的预包装食品，可继续使用现有标签，在食品保质期内继续销售。

专此函复。

国家卫生和计划生育委员会办公厅

2013年5月22日